精准扶贫·食用菌栽培技术系列丛书

白灵菇栽培技术 100问

牛 宇 编著

U0238567

中国农业出版社
北 京

内容提要

本书作为"精准扶贫·食用菌栽培技术系列丛书"之一,围绕白灵菇栽培技术,主要介绍了白灵菇生长发育所需的营养及环境条件等,白灵菇母种、原种、栽培种的制种过程,以及生产过程中需要注意的问题及解决方法,阐述了白灵菇出菇管理、病虫害防治及采后保鲜、贮藏与加工技术等内容。

本书采用问答形式,叙述简洁,通俗易懂。适于作为已经从事或有意向进行白灵菇栽培的企业员工或农户的培训用书,也可供相关产业管理部门、生产加工企业及营销等人员参考。

本书由国家星火项目"吕梁贫困山区林果产业丰产增效关键技术推广示范(2015GA630005)"资助出版。

精准扶贫·食用菌栽培技术系列丛书
编　委　会

总　顾　问　李晋陵　牛青山　彭德全

顾　　　问　刘虎林　苏东涛　李建军　牛志勇

　　　　　　郭源远　侯树明　李　蕾　曹玉贵

主　　　编　潘保华

编　　　委（以姓名笔画为序）

　　　　　　牛　宇　李彩萍　聂建军　徐全飞

统　　　稿　潘保华

本书撰稿　牛　宇

序

党的十八大以来,党中央、国务院把贫困人口脱贫作为全面建成小康社会的主要任务,全面打响了精准脱贫的攻坚战。山西省地处我国中西部地区,贫困县有58个,其中国家级贫困县36个,省级贫困县22个,主要集中分布在西部吕梁山黄土残垣沟壑区、东部太行山干石山区和北部高寒冷凉区,这些地区的共同特征是生态环境脆弱、产业发展滞后、长期处于深度贫困状态,脱贫攻坚的任务相当艰巨。

实现脱贫致富,要靠产业支撑。食用菌产业是实施精准脱贫的一项重要产业,贫困地区有可利用的大量的农作物副产品资源,如农作物秸秆、玉米芯及畜禽粪便等进行食用菌的生产,具有变废为宝、促进农业可持续发展的生态优势,是实现农民增收、农业增效的重要途径。

食用菌产业具有劳动密集的行业优势,发展食用菌生产不仅是调整农业产业结构、提高农业劳动生产率、吸纳农村剩余劳动力、实现高效种植模式的有效途径,而且是实施避灾农业的有效方式。在以山区、革命老区、易旱地区为共同特点的贫困地区大力发展食用菌产业,可以说是一举多得,不仅对进一步推动农业产业结构和农村经济结构的调整,充分利用贫困山区的农业资源,逐步改善农业生产条件和生态环境具有重要意义,而且对培育壮大以食用菌为主导的农业产业,大幅度增加农民收入等方面将产生积极的作用。

　　本套丛书把现代食用菌栽培技术应用于产业化精准扶贫的实践,其主要特点是适用性与实用性强,它以食用菌科技专家的科研成果和近年来的扶贫工作实践为基础,深入浅出地阐述了食用菌栽培技术的原理和方法,针对贫困地区食用菌生产企业和农户在食用菌生产中存在的疑难问题,采用问答形式,叙述简洁,通俗易懂,并配有相关图片,有助于提高贫困地区更多农户的食用菌科技素质,切实掌握食用菌栽培技术,增加食用菌生产综合效益,尽快实现脱贫致富。

　　我院潘保华研究员带领的食用菌专家团队为本套丛书的编撰出版,付出了辛勤汗水,并得到了山西省科学技术厅等有关部门的大力支持,在此一并表示感谢。同时,也殷切希望相关单位工作人员以及广大农户对丛书的内容和技术需求提出宝贵意见,以便进一步改进和完善。

山西省农业科学院副院长　李晋陵

2017 年 10 月

前　言

　　白灵菇是具有我国自主知识产权的食用菌种类之一。白灵菇不仅富含人体必需的多种氨基酸、多糖、维生素等营养及药用物质，而且菇体洁白硕大，可用于炒、涮、炸、炖、扒等各种烹饪方法，口感细腻滑嫩，风味食如鲍鱼，具有"素鲍鱼"之美誉，具有良好的消费市场前景。因此，在当前我国菌类产品的供给侧结构改革中，贫困地区特别是高海拔寒冷地区，应根据市场需要，因地制宜，突出地域特色，在提升菌类产品质量和效益上狠下功夫，对菌类产品结构进行调整和优化，引进和推广白灵菇等食用菌品种，不断提高菌类产品的市场竞争力，同时也可为菇农带来切实的利益。

　　白灵菇属于低温型菌类，低温刺激、变温结菇是它的主要特点。从白灵菇子实体的发育与生长对环境温度的要求来看，在自然条件下，高海拔寒冷地区是白灵菇栽培的适生区域。在白灵菇生长发育过程中对环境条件的要求非常苛刻，必须在出菇管理等关键技术环节上采取相应的措施，例如白灵菇出菇在发满菌丝后，要经过一个较长时间低温环境条件下的菌丝后熟期后才能出菇，该后熟期如果技术措施掌握不到位，会造成不出菇、迟出菇、乱出菇、畸形菇、超大菇、长柄菇等不正常现象的发生。因此，白灵菇栽培必须配套有充分满足其生长发育的设施条件和相对应的技术措施。

　　目前的白灵菇生产主要有三种栽培方式。一是季节性设施栽培,在太阳能温室、简易温棚等农业设施内栽培,根据各地自然气候的差异,一般从秋季开始接种培养,在冬、春季陆续出菇。这种栽培方式的特点是按照白灵菇的生育特点,充分利用自然气候温度的变化进行顺季栽培,不需要人为加温或降温,生产成本较低,应是贫困地区农户生产可选择的一种生产模式。二是在安装制冷设备的菇房错季栽培,这种栽培方式又被称为半工厂化生产。其特点是在白灵菇的菌丝后熟处理及催蕾等关键环节采取人工降温的方法,促进白灵菇子实体分化,达到早出菇、出好菇的目的。这种栽培方法与季节性设施栽培相比具有较大的优越性,特别是在遇到气候失常或极端性气候时,可以做到从容应对,而且投资成本不会大幅度增加,是贫困地区中小规模生产企业可选择的一种生产模式。三是白灵菇工厂化周年生产。这种栽培方式可在最佳的环境设施条件下,为白灵菇的生长发育创造适宜的生长环境,组织起高效率的机械化、自动化作业,从而实现白灵菇规模化、集约化、标准化、周年化生产。但是,由于工厂化生产投资巨大,并不适于在贫困地区发展。

在本书编写过程中,笔者除依据多年来从事白灵菇栽培技术研究工作的经验外,还引用了许多有关白灵菇栽培方面的文献资料,并得到了一些同行的热情指导和帮助,在此一并表示感谢。由于水平有限,书中难免有不妥与疏漏之处,敬请读者批评指正。

牛 宇

2018 年 9 月

目 录

1. 白灵菇属于哪一类食用菌?

白灵菇学名为白灵侧耳〔*Pleurotus nebrodensis*（Inzengae）〕，属担子菌门（Enmycophyta）担子菌纲（Basidiomycetes）伞菌目（Agaricales）侧耳科（Pleurotaceae）侧耳属（*Pleurotus*）。其野生菌株主要分布在南欧、北非及中亚等内陆地区，在自然条件下春末夏初发生。在我国主要分布于新疆干旱沙漠地区，春末夏初发生在一种药用植物阿魏、刺芹等的茎基部或根部。

国内外对于白灵菇的研究起源于 20 世纪 50 年代初，法国和印度等国家的科学家对其进行过驯化栽培及遗传分类方面的研究，1974 年印度科学家在克什米尔地区采集标本并分离培养后获得了纯培养的菌株。1983 年，中国科学院新疆生态与地理研究所的牟川静、曹玉清等在新疆托里地区的伞形科植物阿魏的根上和阿魏滩上采集到野生的阿魏侧耳标本，并对其进行了组织分离和培养，并驯化栽培获得成功（牟川静等，1986），因其生长在阿魏植物上，故取名为阿魏蘑（*Pleurotus ergngii*）。1986 年牟川静等又在新疆木垒地区采集到野生菌株，并继续进行了组织分离培养和驯化栽培，但在后续的研究中，从菌丝体生长特性和子实体形态等方面比较，发现 1986 年木垒采集分离培养驯化的菌株与 1983 年托里采集分离培养驯化的菌株有很大的不同，因此，木垒采集分离培养驯化的菌株通过鉴定被命名为阿魏侧耳木垒变种（牟川静等，1987）。1996 年，新疆木垒县食用菌开发中心赵炳等进行了大面积的栽培试验，继而北京金信公司从新疆木垒引入菌种试种并获得成功，产品投放市场后受到消费者追捧，在国内市场掀起了一股白灵菇热潮，被誉为"天山神菇"。1997 年卯晓岚鉴定栽培标本并命名为白灵侧耳，取商品名为白灵菇，这一名称逐渐被广泛采纳使用。

2. 白灵菇具有哪些营养和药用价值？

白灵菇含有丰富的蛋白质、氨基酸等营养物质，具有较高的食用价值。白灵菇的营养价值介于动物性食品和植物性食品之间，兼具动物性食品高蛋白和植物性食品低脂肪的优点，是名副其实的高蛋白、低脂肪食品。据国家食品质量监督检验中心检测分析，白灵菇含碳水化合物 43.2％，蛋白质 14.7％，脂肪 4.3％，菌类多糖 1.9％。此外，白灵菇子实体含有丰富的磷（P）、钾（K）、钠（Na）、钙（Ca）、镁（Mg）、铁（Fe）、锌（Zn）等人体必需的常量元素和微量元素。尤其是含有抗肿瘤元素硒（Se），鲜菇含硒量为 0.01～0.02 毫克/千克，白灵菇干品含硒量为 0.09～0.19 毫克/千克。

白灵菇不仅蛋白质含量高，而且组成蛋白质的氨基酸种类齐全，含有 17 种氨基酸，并含有 8 种人体不能合成而又不可缺少的必需氨基酸，每 100 克干品中谷氨酸含量达 1 707 毫克，精氨酸含量达 1 002.3 毫克，这也是许多粮食作物所缺乏的。此外，白灵菇蛋白质的消化率较高，大约 70％的蛋白质在人体内消化酶作用下，分解成氨基酸被人体吸收。因此，白灵菇是十分优良的蛋白质和氨基酸的来源。

白灵菇脂肪含量占其干重的 2.13％～4.31％，有三个突出特点：一是脂质含量较低，为低热量食物，但天然粗脂肪齐全；二是非饱和脂肪酸的含量远高于饱和脂肪酸，且以亚油酸为主；三是植物甾醇尤其是麦角甾醇含量较高，麦角甾醇是维生素 D 的前体，它在紫外线照射下可转变为维生素 D，促进钙的吸收，预防佝偻病。在日常饮食中，非饱和脂肪酸是必需的营养物质，而动物脂肪中含有大量饱和脂肪酸，其过多摄入对人体不利。白灵菇因含有较低的脂肪以及高比例的非饱和脂肪酸或亚油酸，是理想的健康食品。

碳水化合物是白灵菇中含量最高的组分，占干重的 43.2%～57.8%。白灵菇中含有丰富的糖原（肝糖）和甲壳素（壳多糖），后者是膳食纤维的主要成分，其含量为干重的 7.12%～15.4%。膳食纤维被认为是有利于健康的食品成分，膳食纤维虽不能被人体消化吸收，但具有多种生理功能：一是促进肠胃蠕动；二是吸附胆汁酸、胆固醇，降低血液中的胆固醇含量；三是加速尿中钾离子和血液中钠离子的排出，降低血压；四是降低血糖；五是改变肠道系统微生物组成。因此，多摄入富含粗纤维的白灵菇，可预防多种疾病。

白灵菇子实体中含有丰富的矿物质元素，其中大部分是人体必需的矿物质元素，可以作为机体良好的补充源。矿物质元素参与构成骨骼、血红蛋白、细胞色素，维持体内渗透压和酸碱平衡，还可作为酶的辅助因子对维持人体正常生理机能、促进生长发育、抵抗疾病有重要作用。白灵菇矿物质元素的分布特点是常量元素钾、磷含量高，尤其是钾含量高，对于治疗缺钾引起的症状有一定作用。白灵菇中含有丰富的微量元素，并且对铁、锌、硒等元素有不同程度的富集作用。硒是人体必需的微量元素之一，可增加人体免疫功能，延缓衰老，保护肝脏，预防肿瘤和心血管疾病。

白灵菇富含的真菌多糖有较高的药用价值，现代药理学研究表明，白灵菇中含有多种有效成分，如多糖类、三萜类、核苷类、呋喃衍生物类、甾醇类、生物碱、多肽氨基酸类和脂肪类等，这些活性成分具有增强机体免疫功能、抗肿瘤、抗菌、抗病毒、抗辐射、调节心脏功能、降血脂、降血压、降血糖、降低胆固醇、保肝护肝、健脾养胃、镇静、镇痛、催眠、益肠治痔、清除自由基抗衰老等功效。

3. 白灵菇市场价格与生产效益如何？

白灵菇驯化栽培的历史较短，商业化大面积栽培也只有 20 多年的历史。白灵菇的消费市场价格在 1998—2004 年间最高时曾达到 80～100 元/千克，之后随着生产规模的扩大和产量的提高，市场价格逐渐回落，近年来，白灵菇市场价格基本稳定在 15～20 元/千克，而产地收购价为 12～16 元/千克。一般来讲，从事白灵菇生产的企业和个人获得的效益不尽相同，按照白灵菇现有的栽培管理水平，白灵菇生物学效率（鲜菇重占干料重的百分比）可稳定在 50% 左右，栽培生产 1 千克白灵菇的生产成本在 7～8 元，即生产 1 千克白灵菇可获毛利 5～8 元，也就是栽培 1 万袋白灵菇可获得纯利润 2 000～3 000 元。虽然白灵菇栽培生产获得暴利的时代已经过去，但白灵菇栽培生产仍有不错的经济效益。

总的来讲，白灵菇生产效益的高低主要取决于白灵菇的产量、质量以及市场行情，要想获得更高收益，需要较强的技术支撑和市场意识。可以预期的是，随着我国人民生活水平的不断提高，食用菌产品包括白灵菇等已经成为大众餐桌上常见的食用菌之一，改善膳食结构，"一荤、一素、一菌"合理搭配的饮食理念也逐渐深入人心，白灵菇由于其独特的口感和品质风味，消费市场前景仍将看好。

4. 贫困地区发展白灵菇生产有哪些优势？

贫困地区把白灵菇等食用菌栽培生产作为精准脱贫的重要产业具有以下优势。

(1) 政策优势 2016 年农业部等九部门联合印发《贫困地区发展特色产业促进精准脱贫指导意见》（以下简称《意见》），《意见》中指出，发展特色产业是提高贫困地区自我发展能力的根本举措，精准脱贫中产业扶贫是打赢脱贫攻坚战的重要保障，各地政府相应出台了各项综合性的支农扶贫优惠政策和保护性资源利用的优惠政策。白灵菇生产不仅是贫困地区调整农业产业结构，提高农业劳动生产率，吸纳农村剩余劳动力，实现高效种植模式的有效途径，而且是实施食用菌产业扶贫的有效方式。在以山区、革命老区、边远冷凉地区为共同特点的贫困地区大力发展白灵菇栽培，可以进一步推动当地农业产业结构的调整，充分利用贫困山区的农业、林业资源，对改善当地的农业生产条件和生态环境也具有重要意义，对培育壮大以食用菌为主导的农业产业，增加农民收入等方面将产生积极的作用。

(2) 资源优势 贫困地区大部分处在边远山区，有大量可用来栽培白灵菇的生产原料，如间伐后不能用材的阔叶树枝条、果树修剪后的枝条以及废弃的木屑；还有农业生产中产生的废弃物，如农作物秸秆、玉米芯等，都可以用来栽培白灵菇。因地制宜、就地取材可以为贫困地区栽培白灵菇提供丰富多样且价格低廉的栽培原料。

(3) 环境优势 贫困山区大都气候冷凉，昼夜温差大，平均气温也较平原地区低。由于白灵菇属于低温变温型菇类，原基分化期需要一定的温差刺激，因此贫困山区非常适宜白灵菇的生长发育。同时，贫困山区污染少、空气新鲜、水质优良，可生产出优质的白灵菇。

(4) 成本优势 贫困地区拥有低廉的劳动力资源，而且单位劳动力成本较低。可以有效降低食用菌企业的人力成本，增强白灵菇产品在市场上的竞争力。

5. 贫困地区怎样组织贫困户进行白灵菇生产？

贫困地区在组织贫困户进行白灵菇生产过程中一定要因地制宜，要根据当地的财力、物力制定切实可行的栽培生产规模和栽培生产模式，切忌盲目发展，要以点带面逐步扩大生产面积，同时要及时规避可能出现的价格下跌风险。

贫困地区在组织贫困户进行白灵菇生产时最简单有效的方法是通过建立和完善"公司＋合作社＋种植大户＋建档立卡贫困户"的发展运行模式，使食用菌生产企业的生产计划和精准扶贫产业的发展计划相吻合，实现订单生产，将龙头企业、合作社、种植大户、建档立卡贫困户紧密联合起来，增强产业凝聚力。龙头企业、专业合作社或种植大户通过土地流转的方式带动当地建档立卡贫困户共同发展。建档立卡贫困户可以通过土地或扶持专项贷款资金入股企业或合作社参与到白灵菇等食用菌产业发展中来，从而获得股金分红或直接参与白灵菇的栽培生产管理收入。这种方式既不用贫困户投资新建大棚等生产设施的固定资产投资，又省去了菌种制作、菌棒生产的投资及技术风险。

贫困户参与白灵菇的生产首先要根据自身条件，如根据经济基础和可利用的出菇设施确定生产方式及规模。白灵菇栽培由于其生长周期长，出菇阶段技术要求严格，从菌棒开始出菇到收获一般只需15～25天，贫困户一定要掌握正确的出菇技术，最好经过实地培训后，熟练掌握正确的出菇管理技术再进行生产。贫困户如果想要参与白灵菇产业链的其他环节，也可以到白灵菇生产企业务工，通过在企业参加技术培训学习，掌握白灵菇生产各个环节的流程，不断提升生产技能，积累生产经验。

6. 如何选择白灵菇生产场地？

白灵菇生产场所的选择，应注意以下几个方面。

一是菇场附近有良好的运输条件，交通便利，道路完好。

二是菇场较开阔，有足够的场地建菇房、堆料操作场、办公室及工作人员宿舍。

三是菇场地势较高，通风良好，雨季不会水淹。

四是菇场附近没有有毒气体的工厂，最好远离居民区、养殖场等，保证周边环境清洁。

五是有清洁的水源和电力供应。

7. 白灵菇生产场地如何布局规划？

白灵菇生产场地的规划总体要求是布局合理、设施配套，办公区、生活区与生产区要分开。办公区、生活区是员工的主要活动场所，要有保证办公与生活需要的各种设施。

生产区包括原料仓库、配料场地、装袋车间、灭菌室、冷却室、接种室、培养室、出菇房、产品包装车间、冷藏库、锅炉房、配电室等，场地分区布置不仅要与生产流程顺序相匹配，同时还要有一定的隔离，如原辅材料库、拌料场地、装袋车间、灭菌室应配套连接，但原料仓库、配料场地应与灭菌室、冷却室、接种室、培养室有一定的隔离，尽量减少原辅料材料对接种室和培养室的污染，如相距太近，易造成出菇袋和出菇期间的病虫危害。

生产区主要建筑物的用途如下。

（1）原材料仓库 原材料场地铺设水泥地面，环境要干燥、通风良好。棉籽壳、玉米芯、木屑等生产主料与辅料麸皮、谷糠要分开放置。仓库内要及时清理保存时间较长的原料，并定期防治虫害、鼠害等。

（2）**配料场地** 地面要求水泥地面平整光滑，用于原材料的预处理，预湿、拌料、翻堆等。

（3）**装袋车间** 配备装袋机、周转筐、推车等，用于装袋操作和出菇袋运输。

（4）**灭菌室** 安装高压蒸汽灭菌柜或常压灭菌柜等，用于菌袋灭菌。灭菌室一端和装袋车间相通，另一端与冷却室相通。

（5）**冷却室** 用于灭菌后的出菇冷却。冷却室内墙壁要平滑，便于洗刷消毒。室内配置 2～4 支紫外线灯、换气扇等设备，有条件的可安装通往接种室的传送带，冷却室要定期消毒清洁，确保空间洁净无菌。

（6）**接种室** 接种室是生产中非常重要的核心设施，接种室要求无菌程度很高，目前有许多有实力的企业都建了万级无菌接种室。接种室常分里外两间，外间为缓冲室，面积 2～3 米²，里间为接种室，面积 10～15 米²，内外间设置拉门。接种室必须在消毒后能保持无菌状态，所以要求密封性好。室内地面和墙壁要求平滑，便于洗刷消毒。内间接种室顶部安装紫外线杀菌灯、日光灯、工作台，备有酒精灯、无菌水、75% 酒精及各种接种工具。条件较好的接种室内应安装空气过滤器，操作过程中可不断向接种室内通入无菌空气，使其内部压强高于外部房间的压强。缓冲间应安装紫外线灯、日光灯、鞋架、衣架、脸盆、水管等供工作人员消毒、换衣服鞋帽和洗手等。

接种箱可以自己用木材和玻璃加工制作，具体要求是：接种箱内顶部安装紫外线灯和日光灯各一盏，箱的正面或背面两个口装有布套，类似于我们的套袖，双手由此伸入操作，两个口外要设有推门，不操作时可以关闭。箱内一般只放置酒精灯、火柴和常用接种工具，其他物品待接种前才放入。由于空间小，箱内空气少，若接种时间长，酒精灯会熄灭，可在箱顶两侧各开一个直径10厘米左右的圆孔，并用数层纱布盖住，既防杂菌进入又有利于空气交换。

超净工作台是利用空气洁净技术使工作台内操作区成为相对无菌的状态，它的优点是手的操作比在接种箱内方便灵活，因而能极大地提高工作效率，但它的造价较高，需向厂家或经销商购买。

（7）培养室　培养室是培养菌种的场所，要求避光、通风良好、洁净、保温性好。培养室内安装自动控温装置、空调、加湿器、换气设备、灯管、多层培养架等，易于保温、控湿、通风换气、检查、摆放菌种等。有条件的话，可根据生产要求，分别设置原种培养室与栽培种培养室。母种培养由于试管体积小，一般都放置在恒温箱或自制的保温箱内，因此，母种培养可与原种培养放在一室。为了满足菌丝体生长发育对环境条件的需要，培养室要有较好的保温性能，门窗应能关闭紧密，墙壁要厚，寒冷地区可做成双层门窗和夹墙。培养室的室内设置简单，主要有培养架、电炉或火炉、换气扇，有条件的还可安装空调，干湿温度计要挂在培养架上距地面1.2～1.5米处。白灵菇菌丝体的生长不需要光线，因此窗帘最好用黑布做成，培养菌种时拉上窗帘遮光。

（8）质检化验室　化验室是检查菌种质量好坏，观察菌种生长发育情况、鉴定菌种、检查杂菌和配制药品的场所。化验室内应配置仪器柜、药品柜、工作台、显微镜、菌落计数器、恒温培养箱及相关试剂和药品等。

（9）贮藏室　贮藏室是存放菌种的场所，室内要求干燥、低温、通风好、洁净、保温、遮光。在存放菌种之前必须进行消毒处理，室内禁止存放有毒药物及其他污染物，地面可经常撒生石灰，喷洒、熏蒸杀菌剂以防止杂菌污染，同时要有防虫、防鼠等措施。

（10）晾晒场 晾晒场要远离生产区域，最好有绿化带隔离，同时位于当地主要风向的下风向。晾晒场内的污染菌袋一定要及时处理，避免因长期日晒雨淋而致使杂菌迅速蔓延入场区。

8. 白灵菇生产分为哪几个阶段？

白灵菇生产一般分为菌种制作、出菇袋生产、出菇管理、采收加工与冷藏保鲜四个阶段。工艺流程为：母种→原种→栽培种→出菇袋培养料准备→发酵处理→拌料、装袋→灭菌、冷却→接种→菌丝体培养（发菌）→菌丝后熟→催蕾→子实体生长期管理（出菇）→采收→加工→冷藏保鲜。

9. 白灵菇生产方式有哪几种？各有哪些特点与优势？

白灵菇是我国具有自主知识产权的一种食用菌新品种，我国白灵菇菌株及初始栽培起源于新疆木垒地区，但白灵菇规模化、商品化生产始于北京，之后在河南、天津、山东、河北、甘肃、内蒙古、青海、云南等地亦有较大面积的推广。

目前，我国白灵菇生产主要有以下3种栽培方式。

（1）季节性设施栽培 在太阳能温室、简易温棚等农业设施内栽培，按照白灵菇的生物学特性和自然条件等，确定栽培季节，秋、冬和早春出菇，一年生产一季。根据各地自然气候的差异，一般从秋季开始接种培养，在冬、春季陆续出菇，这种栽培方式的特点是按照白灵菇的生育特点，充分利用自然气候温度的变化进行顺季栽培，不需要人为加温或降温，生产成本较低。缺点是生产周期长，容易受到气候反常或极端气候的影响。生产实践证明，在我国长江以北省份，利用自然温度和季节性设施都能栽培白灵菇，长江以南地区栽培的白灵菇菇质疏松，商品价值不及长江以北地区的白灵菇。

（2）采用人工调控温度的反季节栽培 夏季高温不适于白灵菇生长，因此，夏季必须在安装有制冷设备的房间或其他设施内栽培，这种栽培方式又被称为半工厂化生产。其特点是在白灵菇的菌丝体后熟处理及催蕾等关键环节可以采取人为降温的方法，促进白灵菇子实体的分化，达到早出菇、出好菇的目的。这种栽培方法与季节性设施栽培相比具有很大的优越性，可在每年春季接种，在培养室内培养到菌丝长满并且生理成熟后，夏季搬进冷库内，人为控温使其在5～9月出菇，特别是在遇到气候反常或极端性气候时，可以做到从容应对，而且投资成本不会大幅度增加，是我国中小企业选择的一种主要生产模式。

（3）白灵菇工厂化周年生产 食用菌工厂化生产是最具有现代农业特征的产业化生产方式，是现代农业科学和现代工业技术强势结合、孕育生成的一种复合生产体系。采用工业化的技术手段，可在最佳的环境设施条件下，为白灵菇的生长发育创造适宜的生长环境，组织起高效率的机械化、自动化作业，从而实现白灵菇的规模化、集约化、标准化、周年化生产。它与传统的季节性生产方式相比，最显著的先进性是：①先进的环境设施和控制技术，实现了白灵菇栽培的全天候作业，周年化生产，反季节供应，从而使传统生产方式"靠天吃饭"的被动局面成为历史。②高效的机械装备和作业技术的采用，十几倍甚至数十倍地提高了劳动生产率。这种生产模式需要智能调控低温出菇厂房，并配备装袋、灭菌、接种等机械化设备。由此可以看出，投资较大、生产能耗成本高，是工厂化生产面对的重要问题。因此，在贫困地区不适宜采用工厂化生产模式。

10. 白灵菇生产周期如何安排？需要注意什么？

白灵菇制作母种需要 8～10 天，制作原种需要 25～30 天，制作栽培种需要 25～30 天，出菇袋接种后到出菇要 70 天或 80 天以上。因此，白灵菇从母种开始到出菇结束的生产周期需要 130～150 天。由于白灵菇出菇袋在菌丝体长满菌袋以后不能立即出菇，需要一定后熟过程才能出菇，因此生产季节应予提前。在顺季栽培时，以冬季至翌年春季出菇较为理想，根据白灵菇生物学特性，制种时的适宜温度以 23～25 ℃为宜，当出菇袋菌丝体长满袋时，气温下降，正好利于出菇。切不可接种太晚，以免耽误出菇。一般情况下，顺季栽培时，把菌种生产安排在 6 月，出菇袋生产安排在 8～9 月，这样就可以利用冬季的自然气候在 12 月或翌年 1 月出菇。若在我国西北、华北地区，则把可以出现 8～10 ℃以下低温的月份，倒推 4～5 个月（120～150 天），即为正常制作栽培袋的时间。

顺季栽培时，需要注意的是不宜在早春生产白灵菇出菇袋，因为早春生产的菌袋长满后需要经过 40～50 天的后熟期，在 4～5 月并不会出菇，其后 6～9 月连续 4 个月的高温天气又不能使白灵菇出菇，这样将导致菌袋到 11 月后才可以出菇。白灵菇菌袋经过越夏后易造成菌丝体脱水，菌丝体生长势降低，严重影响出菇产量和质量。

11. 白灵菇生长发育对环境条件有哪些要求？

要想获得优质高产，首先要了解白灵菇各个生长阶段对环境条件的要求，并在管理过程中想方设法采取相应的技术措施，创造最适宜白灵菇生长的环境条件，满足白灵菇生长发育对环境条件的要求。白灵菇生长发育需要的环境条件主要包括温度、水分、湿度、光照、空气等。

（1）温度 温度是影响白灵菇生长发育最重要的环境条件之一，白灵菇属于低温、变温出菇型菇类，原基的形成需要一定的温差刺激，温度对白灵菇的影响主要是通过影响酶的活性实现的。白灵菇在不同生长发育阶段对温度的要求有所不同，在菌丝体生长阶段要求较高的温度（23～26 ℃），而在子实体形成和生长发育阶段则要求较低的温度。白灵菇菌丝体生长的温度范围是15～35 ℃，5 ℃以下菌丝体生长极其缓慢，35 ℃以上菌丝体基本停止生长，菌丝体生长的适宜温度为23～28 ℃，最适温度为25 ℃。在最适温度下菌丝体粗壮浓密，生长速度快，生命力强；高于28 ℃，菌丝体生长纤细无力，菌丝体稀疏，活力差；低于20 ℃，菌丝体生长速度明显下降。白灵菇菌丝体较耐低温，不耐高温，在－20 ℃菌丝体也不会死亡。超过35 ℃，持续一定时间菌丝体就会死亡。菌丝体长满菌袋后，菌丝体必须经过后熟才能形成子实体，即在15～20 ℃下继续培养20天左右才能进入出菇管理。白灵菇后熟期过后需要一定的温差刺激才能促进子实体分化，即菌袋需要经过4～6 ℃的冷处理后有利于菇蕾的产生，通过降低环境温度，子实体分化的适宜温度为10～15 ℃，分化后生长发育的适宜温度是12～18 ℃。如果温度超过20 ℃，子实体生长速度快，但菇体组织疏松，菇盖发黄，品质下降；在相对较低的12～15 ℃下生长的子实体质地致密、口感脆嫩。

（2）水分和湿度 水分是白灵菇的主要组成成分，是白灵菇生长发育过程中不可缺少的因素之一，同时水又是营养吸收及营养物质运输的载体。白灵菇整个生长过程都离不开水，只有在适宜的水分条件下，白灵菇才能进行正常的新陈代谢。短期缺水白灵菇菌丝体会处于休眠状态，长期缺水必定死亡，水分不足或过多都会阻碍白灵菇的生长发育，不同的发育阶段对水分的要求不同。

白灵菇菌丝体和子实体生长过程中需要的水分主要来自于栽培料内的水分，培养料的含水量是影响栽培成败最重要的条件之一。菌丝体生长阶段培养料含水量应保持在65%左右，一般以料水比1：1.3左右为宜。如果含水量偏高，培养料透气性差，菌丝体生长受阻还会导致杂菌滋生，菌袋污染率提高。如果含水量偏低，菌丝体生长速度快，但菌丝体稀疏，营养积累少，导致子实体产量和质量明显下降。白灵菇发菌期和出菇期对环境空气相对湿度的要求不同，发菌期空气相对湿度不宜过高，否则环境中微生物活动加强，增加了污染杂菌的概率，发菌期空气相对湿度一般保持在70%左右为宜。当解开袋口进行催蕾及后期出菇管理时，必须加大空气相对湿度，应保持在80%～90%，如果空气相对湿度低，导致培养料失水多，将会造成白灵菇难以在袋口形成菇蕾，或者使已经形成的菇蕾干枯死亡，发育长大的子实体菌盖表面发黄出现裂纹影响外观降低商品质量。如果空气相对湿度偏高，则会导致菌褶发黏和烂菇。

（3）**光照**　白灵菇菌丝体生长阶段不需要光照，有光反而会抑制菌丝体的生长，因此发菌期应在避光或暗光条件下进行。原基分化需要一定的散射光，弱光下可刺激子实体的形成，出菇前要给予适当的光照，以诱导原基的发生。子实体生长期光照度以200～600勒克斯为宜，如果光照不足难以形成子实体，或者分化的原基有徒长的倾向，形成长柄子实体。另外，在子实体生长阶段，阳光直射，光线太强，容易造成子实体菌盖表面发生龟裂，影响白灵菇的商品性，因此应尽量避免阳光直射。

（4）**空气**　白灵菇属于好气性菌类，在生长过程中需要不断吸入氧气呼出二氧化碳，因此发菌期和出菇期都要求有良好的通风。发菌期通风不良会降低菌丝体生长速度，增加杂菌污染的机会。白灵菇在原基形成和子实体发育阶段，细胞代谢特别旺盛，需要加强通风，如果通风量不足，形成的原基不能进一步分化，会形成柄长盖小的畸形菇，严重降低产品质量。白灵菇菌丝体和子实体生长发育都需要新鲜空气，在通风不良的情况下子实体生长缓慢或变黄，当菇房二氧化碳浓度超过0.5%时，易导致畸形子实体的发生。

总之，温度、水分、湿度、光照、空气等环境条件相互联系，相互影响，相互制约，共同影响白灵菇的生长。例如光照不足时，菇体发育受阻，畸形率增加，品质变差，产量大幅度降低。如果通风不足时，菇体变形，柄长盖小，产量低，品质残次率高。如果通风过度，则湿度难以控制，如果湿度不够，菇盖边缘易开裂或萎缩，色泽加深呈淡黄至污黄色。如温度过高，则生长过程中菇体变松软，品质下降，口味变差，同时不易保鲜。因此，在生产中应进行综合协调，采取有效措施，协调各种环境条件的关系，最大限度地满足白灵菇生长的最适条件，达到高产稳产，优质高效。

12. 白灵菇生长发育需要哪些营养条件？

白灵菇是一种兼具弱寄生性的腐生真菌，在野生自然条件下白灵菇生长在伞形科阿魏植物粗大的根茎部，依靠分解吸收阿魏植物的营养供给子实体生长，人工栽培时可以在灭菌后的培养基上正常生长并形成子实体。

白灵菇与其他食用菌一样不能通过光合作用合成所需要的营养，人工栽培时营养物质的获得完全来源于培养料。培养基中的营养物质是白灵菇生长发育的物质基础，主要营养物质有以下几种：

(1) 碳源 能够被白灵菇菌丝体分解吸收利用的含碳化合物，称为碳源。白灵菇能够利用的碳源非常广泛，这些物质包括碳水化合物、有机酸、果胶、脂肪、树胶等。白灵菇菌丝体在碳源利用上主要有多糖、单糖、双糖在内的多种碳水化合物。但是培养基质中存在的高分子化合物如纤维素、半纤维素、淀粉、木质素等物质必须在菌丝体分泌的各种酶的作用下，分解成小分子化合物后才能被利用。白灵菇菌丝体在不同生长阶段对营养的利用存在一定差异，菌丝体生长阶段主要是消耗培养料中的木质素，而出菇阶段主要是消耗纤维素和半纤维素。在白灵菇生产中，多种工农业下脚料如棉籽壳、玉米芯、木屑等都可作为碳源。

（2）**氮源** 能够被白灵菇吸收利用的含氮化合物称为氮源，氮元素是构成蛋白质和核酸等生物大分子的重要元素，白灵菇能广泛利用多种氮源物质，但对不同氮源的利用具有明显差异。有机氮优于无机氮，酵母粉、酵母膏、蛋白胨、蛋白粉、豆饼粉、麸皮、玉米粉等都是白灵菇菌丝体生长的良好氮源，而在以硝酸盐为氮源的培养基上菌丝体生长速度虽然很快，但生长势较弱。尿素和铵盐作为氮源菌丝体生长慢且生长势差，一般不用作白灵菇的氮源。尿素经过高温分解后释放出氨和氢氰酸，致使培养基的 pH 升高并带有氨味，对菌丝体生长有一定的抑制作用。

白灵菇生长不仅需要充足的氮源和碳源，而且在吸收营养时对碳和氮的利用是按照一定比例吸收利用的，这就要求碳元素与氮元素的量有合适的比例，即碳氮比（C/N）要合适。碳氮比是指培养基中碳元素总量与氮元素总量的比值，是衡量培养基组成是否合理的一个重要指标。白灵菇在不同碳氮比培养基上生长表现出明显差异。菌丝体生长阶段培养基的碳氮比在 10∶1 到 100∶1 的范围内均可生长，适宜的碳氮比为 20∶1 到 40∶1，最适碳氮比为 25∶1。如果碳源不足，就会明显影响白灵菇的质量和产量；若氮肥过多，会造成菌丝体徒长。

（3）**无机盐** 白灵菇生长所需的矿物质元素以无机盐形式被吸收利用，这些元素包括需要量较多的磷、硫、钾、镁、钙以及需要量较少的铁、铜、锰、锌、钼等微量元素。白灵菇生长发育所需要的金属元素都是以无机盐的阳离子形式作为营养，无机盐有的参与细胞的组成，有的作为酶的组成部分或激活剂，有的参与能量的转移，有的控制原生质的胶体状态，有的参与维持细胞的渗透性等。磷、钾、钙、镁、铁等元素都是不可缺少的。磷不仅是核酸和能量代谢中的重要组成部分，也是糖代谢中不可或缺的元素，没有磷，就不能很好地利用碳和氮，在配制白灵菇培养基质时，需要加入 $0.1\%\sim0.3\%$ 的磷酸氢二钾或磷酸二氢钾，过磷酸钙或钙镁磷复合肥等。钾在细胞组成营养物质的吸收及呼吸代谢中也十分重要，木屑、秸秆等含有丰富的钾，已足够白灵菇生长的需要，一般不用另外添加，在母种培养基中加入适量钾，有利于菌丝体生长。钙对促进菌丝体的生长和子实体的形成十分重要，钙能平衡钾、镁、钠等元素，当这些元素存在过多，钙能与其形成化合物，从而消除这些元素对白灵菇生长的有害作用。培养基中加入石膏（主要成分硫酸钙）、石灰（主要成分碳酸钙）等可中和酸离子，稳定培养基中的酸碱度。镁作为必要元素参与三磷酸腺苷（ATP）、磷酸以及核酸、核蛋白等各种含磷化合物的生物合成，缺镁细胞的生长就会停止，核糖体和细胞膜就会被破坏。铁是组成白灵菇细胞中过氧化氢酶、过氧化物酶、细胞色素、细胞色素氧化酶的组成成分，铁参与生产自由能的呼吸作用，从而影响能量运行的一切生理作用。

（4）生长素 是一类对白灵菇营养生长和生殖生长具有明显影响的物质，如维生素 B_1、三十烷醇、核酸、α-萘乙酸等。与大多数食用菌一样，白灵菇菌丝体本身不能合成维生素 B_1，只能从培养基中吸收。配制白灵菇母种培养基时，一般每升加入维生素 B_1 10 微克。原种、栽培种、出菇袋培养基材料中含有一定量的维生素 B_1 等，所以配制栽培种或栽培菌棒的培养基时，无须另外加入。

13. 白灵菇生产要把握好哪几个生产技术环节？

(1) 把握好白灵菇生产的季节 白灵菇属于低温型菌类，适宜出菇的环境温度在 12～15 ℃。由于白灵菇菌丝体长满菌袋以后，并不能立即出菇，需要一定后熟过程才能出菇，生产三级菌种与出菇袋的制作时间应提前。一般制作白灵菇试管母种需要8～10 天，制作原种要 25～30 天，制作栽培种 25～30 天，制作出菇袋需要 30～35 天，出菇袋长满菌丝体后到出菇的后熟期需要 30～40 天。因此，白灵菇从母种到出菇的生产周期在 120～150 天，如果生产过程中出现一些极端气候或其他人为因素的影响，其生产期有时会更长，甚至超过 150 天。因此，在生产上安排出菇季节时应根据当地气候的变化情况，把适宜出菇的低温月份倒推 4～5 个月（120～150 天），作为母种开始制作的时间。

(2) 把握好白灵菇的出菇环境 白灵菇菌丝体和子实体的生长发育需要为其提供适宜的温、湿、光、气等环境条件，而不同的栽培场所又各具优缺点。目前，我国多利用标准立体菇房、日光节能温室、塑料拱棚等进行白灵菇栽培，生产中应根据各地自然气候条件及栽培设施的不同，合理制订相应的栽培技术措施。

(3) 把握好白灵菇菌丝体长满菌袋后的生理后熟期与催蕾期管理 白灵菇菌丝体长满菌袋后不能立即出菇，必须经过一定时间的后熟管理，使菌丝体浓白，贮藏足够养分，达到生理完全成熟后菌袋坚实，这个过程为菌丝体后熟过程。白灵菇属于低温变温结实性菇类，子实体分化时对温度要求严格，必须有 10 ℃以上的温差刺激。因此，经过后熟期处理的菌袋需要进一步进行温差刺激的催蕾过程，在适宜的环境条件下促进原基的发生，保证出菇整齐，提高产量。

14. 白灵菇菌丝体有哪些特征？

白灵菇与大多数食用菌一样，由菌丝体和子实体两部分组成。菌丝体是白灵菇的营养器官，相当于植物的根、茎、叶，具有分解吸收和贮藏营养以及营养繁殖功能。子实体是白灵菇的有性繁殖器官，当菌丝体在培养基中充分生长并达到生理成熟后，在培养料表面形成原基，原基逐渐发育成为子实体。

在 PDA 平板培养基上，白灵菇菌丝体呈白色、绒毛状，菌丝体浓密，气生菌丝体较弱，在显微镜下观察白灵菇菌丝体是由管状细胞连接而成的丝状物，有间隔、分支，无色透明（图1）。单核菌丝体没有锁状联合，而在双核菌丝体的细胞间隔处具有明显的锁状联合。

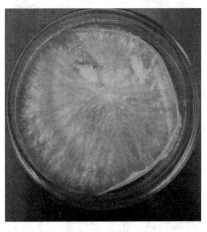

图1　平板培养基上的白灵菇菌丝体

根据白灵菇菌丝体细胞中细胞核数目的多少分为单核菌丝体和双核菌丝体（次生菌丝体）。只有双核菌丝体才具有结实能力，所以在白灵菇菌种生产和出菇栽培中应用的都是双核菌丝体。根据菌丝体在培养基中生长的位置分为基内菌丝体和气生菌丝体。生长在培养基中的菌丝体称为基内菌丝体，从培养基表面生长到空间的菌丝体称为气生菌丝体。在白灵菇菌种生产和栽培中培养获得的主要是基内菌丝体。

15. 白灵菇子实体有哪几种形态？

目前，我国栽培的白灵菇品种子实体为纯白色，白灵菇品种有硬面菇和软面菇两大类。根据其子实体形态，可将其分为手掌形、贝壳形、马蹄形和长腿形等，其中商品性质最好的是手掌形子实体（图2）。

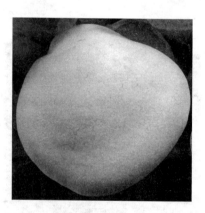

图2 白灵菇手掌形子实体

手掌形子实体纯白色，菌盖直径5～15厘米或更大，厚3～4厘米，初期近扁球形，之后逐渐发育成扁平，菌盖多侧生，有时偏生。表面近平滑或绒状，菌肉白色，质地脆嫩，不变色。菌盖表皮和菌肉分界不明显。菌褶近延生，不等长，有时近菌柄的菌褶交织成网状，白色，后期带淡黄色。子实层分布于菌褶表面，由担子、囊状体组成。担子棒状，每个担子上着生4个小梗。孢子印白色，孢子无色。菌柄纯白色，长3～4厘米，粗2～3厘米，侧生，少偏生，上部粗而基部渐细，粗糙，内部白色，纤维化程度低，质较嫩脆，实心。

白灵菇马蹄形和长腿形子实体的菌柄长而粗壮，菌盖较小，商品性状较差，目前已很少栽培。

16. 白灵菇生产上使用的栽培品种有哪些？

我国白灵菇生产中现阶段较普遍使用的品种有中农翅鲍（国品认菌2008029）、中农1号（国品认菌2007042）、KH2（国品认菌2007043）和华杂13号（国品认菌2008028）等，不同品种的主要栽培特性如下。

（1）中农翅鲍（国品认菌2008029） 属中低温型菌株。菌丝体短细、致密，菌落绒毛状，子实体较大、手掌形，菌盖菌柄处厚5厘米左右，菌盖长10～12厘米，宽9～11厘米，菌盖表面后期边缘易出现细微暗条纹。菌褶初期乳白色，后期稍带淡黄色。菌柄侧生或偏生，柄长3～5厘米，直径1.5～2厘米，白色，表面较光滑或有细纹。栽培周期为120～150天，子实体生长较缓慢，不耐高温、高湿。菇体质地脆嫩，口感细腻。以棉籽壳为主料的，一潮菇生物学效率35%～40%，二潮菇生物学效率20%～30%。

（2）中农1号（国品认菌2007042） 子实体色泽洁白，菌盖贻贝状，平均厚4.5厘米；长宽比约1：1，菌盖直径和菌柄长之比约2.5：1。菌柄侧生，白色，表面光滑，子实体形态的一致性高于80%。菌丝体最适生长温度25～28℃，温度高于35℃时菌丝体停止生长，低于5℃时菌丝体生长缓慢。子实体分化温度5～20℃，最适温度10～14℃。出菇袋发菌期40～50天，后熟期18～20℃条件下30～40天，子实体生长从原基出现到采收一般7～10天。出菇期较集中、整齐度高，一级优质菇在80%以上。培养料适宜含水量70%，基质含水量不足或高温时菇质较松。以棉籽壳为主料栽培的，第一潮菇生物学效率在40%以上，一潮菇采收后通过菌袋补水可以出第二潮菇，两潮菇的生物学效率可达到70%～80%。

(3) KH2（国品认菌2007043） 子实体洁白，密度均匀，菌盖成熟时较平展或中央略下凹，直径6～12厘米。菌柄偏中生，近圆柱状，长4～8厘米，直径2～5厘米。出菇菌袋适温下发菌期30～35天，后熟期40～45天，后熟期要求散射光照。原基形成需5～10℃的温差刺激，子实体可耐受5℃低温和24℃高温，生物学效率60%～80%。

(4) 华杂13号（国品认菌2008028） 菌盖扇形，白色，直径7～12厘米，厚约2.5厘米，菌褶延生，着生于菌柄部位的菌褶有时呈网格状。菌柄侧生或偏生，长6～8厘米。菌丝体生长温度以23～26℃为宜，超过28℃菌丝体易老化，大于30℃易烧菌。接种后70～80天出菇，出菇快，较耐高温，出菇不需冷刺激和大的温差。在适宜条件下，生物学效率为40%～60%。

17. 白灵菇制种程序分为哪些步骤？

白灵菇制种程序流程见图3。

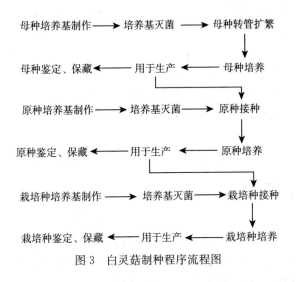

图3 白灵菇制种程序流程图

18. 白灵菇制种生产需要哪些用具?

白灵菇制种生产中需要的器具主要有接种工具、玻璃器皿、菌种容器、称量器材及其他用具等。

(1) 接种工具 用于菌种的转接,主要有以下几种。

接种钩:可以用细一点的自行车辐条,把一端的螺丝帽去掉磨成针状,然后把尖端3~5毫米处弯曲成直角即成。这种接种钩一般用于子实体组织分离中钩取菌肉或母种的转管。

接种耙:可以用粗一点的自行车辐条,把一端的螺丝帽去掉锤成扁状,把边缘剪齐并打磨光滑,然后把前端2~3毫米处弯曲成直角,适用于母种转管中划割带菌的培养基。

接种铲:同样是用粗一点的自行车辐条,把一端的螺丝帽去掉锤成扁状,把边缘剪齐并打磨光滑即成,常用于破碎原种瓶内的菌块。

接种勺：用不锈钢勺和金属棒焊接而成，原种转接栽培种时用来舀取菌块。

接种镊子：前端内侧带齿纹的不锈钢长镊子，主要用于子实体组织分离中可直接夹取菌肉或接种时夹取菌块。

接种刀：用于菌种分离时切割组织块。

（2）玻璃器皿等 用于母种制作，主要有以下一些容器或用具。

试管：用于制作斜面母种，规格为口径 18～20 毫米，长180～200 毫米。

量杯或量筒：500 毫升和 1 000 毫升各一个，用于配置培养基。

漏斗、铁架台、乳胶管、止水夹：用于分装培养基。

酒精灯：用于试管母种转管或转接原种时的火焰接种。

广口瓶：用于盛放酒精或酒精棉球。

温度计和温湿度计：温度计测量培养箱环境温度，温湿度计测量培养室温度与湿度。

（3）菌种容器 用于制作原种或栽培种等。

菌种瓶：有用玻璃和塑料材料制作的两种，菌种瓶一般用于制作原种。

罐头瓶：可用罐头瓶代替菌种瓶培养原种。罐头瓶因为口径大易丧失水分，接种时易被杂菌污染，因此要采用双层封口，第一层为聚丙烯膜，先在聚丙烯膜中间剪出直径约 2 厘米大小的圆洞，装料后先把它盖上，然后再盖上一层牛皮纸或双层报纸。接种时只需把牛皮纸或报纸打开，从塑膜的圆洞处把菌种接入，再迅速把牛皮纸盖好就可以了。

塑料袋：主要用于栽培种的生产，有两种材料的塑料袋。一是聚丙烯塑料袋，其优点是强度好，透明度高，便于观察菌丝体生长情况，耐热性强，可耐132 ℃高温；缺点是低温时脆硬，温度越低越容易破裂。聚丙烯塑料袋常用的规格为长 30 厘米、宽

17 厘米、厚 0.04～0.05 毫米。二是低压聚乙烯塑料袋，其优点是质地柔韧，在低温条件下不易脆裂，竖向抗拉力强，但横向易撕裂，可耐 105 ℃高温，一般用于常压灭菌；缺点是灭菌后塑料袋受热膜易软化变大，使袋与料之间出现空隙，透明度略差。

（4）其他用具 如称量器材，天平（感量 0.1 克）与磅秤；拌料装料工具，如铁锹、小铲及水桶；有条件的还可购置拌料机、装瓶机、装袋机等。

19. 制作白灵菇菌种需要哪些消毒、灭菌药剂及器具？

在白灵菇生产上必须采取消毒与灭菌的措施，才能防止和排除杂菌危害，使菌丝体健康生长。消毒与灭菌的区别是：消毒主要是指用各种消毒药剂对接种工具、接种环境中的活体有害微生物的杀灭，但消毒后的物品中可能还存在着部分活体微生物；灭菌则是用物理或化学方法，例如用高压或常压灭菌设备对容器内及培养基中存在的所有微生物进行杀灭，一般经过灭菌后物体中已不存在活体微生物。

此外，在白灵菇生产上还有两个概念要经常用到。一是杂菌，主要指对白灵菇菌丝体或子实体产生危害的病毒、细菌、霉菌等。杂菌污染，就是指在菌丝体生长的培养基上出现了这些有害微生物。二是无菌操作，主要指在接种室内的环境空间中进行操作时使用的工具与器皿，以及操作人员的手和衣服上都不带有活体微生物。

白灵菇菌种制作过程中常用的消毒、杀菌药剂及器具有以下几种。

甲醛：市场销售的多为 40%甲醛溶液，又称福尔马林，主要用于接种室、接种箱及培养室熏蒸消毒。使用前先将要消毒的房间窗户关闭紧密，塞住缝隙不漏气，每立方米按 6～8 毫升的用量，方法是将甲醛溶液加热挥发，或将 1/5 量的高锰酸钾倒入甲醛溶液中，倒入时注意面部不要对着瓶口，防止甲醛与高锰酸钾氧化反应过快，使甲醛冲出瓶口弄伤面部，然后退出房间关门，待室内甲醛自然挥发逸出，气味较小时再进入操作。

高锰酸钾：为紫色针状结晶，除了与甲醛混合熏蒸消毒外，主要用 0.1%～0.2% 的水溶液擦洗床架、器具等进行表面消毒。

来苏儿：又称煤酚皂溶液，配制成 1%～2% 的溶液擦洗超净工作台、接种箱、用具等，3%～5% 的溶液用于室内喷洒。

酒精：配制成 75% 的溶液，擦洗手及接种工具或进行子实体的表面消毒等。

漂白粉：配制成 2%～5% 的水溶液洗刷培养室、出菇房墙壁、地板、床架。有时也配制成 1% 的水溶液，用于出菇期喷洒，防治白灵菇子实体的细菌性病害。

三乙膦酸铝：是一类高效低毒广谱性杀菌剂，对防治绿霉、黄曲霉、根霉、链孢霉等杂菌有较好的效果。有喷布气雾和拌料两种使用方法。喷布气雾可用于接种间的空气消毒；拌料则主要用来拌入栽培料，防止各种杂菌的污染。

紫外线灯：主要用于接种间的空气或物体表面的消毒。紫外线对人体的皮肤、眼黏膜及视神经有损伤作用，因此，应避免在紫外线灯下工作。

臭氧消毒器：是一种臭氧发生器，主要用在接种间内，对各类杂菌有较好的杀灭作用，使用比较方便，异味小，可以避免甲醛或其他杀菌剂对人体的有害刺激与过敏反应。

20. 白灵菇菌种生产常用的消毒方法有哪些？

白灵菇菌种生产上常用的消毒方法分为以下几种：

（1）**化学药剂消毒** 使用消毒药剂，根据消毒的方式、类型而选用上述甲醛、高锰酸钾、酒精等相应的化学药剂。

（2）**物理方法消毒**

紫外线消毒法：利用紫外灯在 1.5 米范围内照射 30 分钟，之后遮光 0.5 小时后达到消毒效果的一种方法。

臭氧消毒法：利用臭氧发生器等，按照其使用方法开机 30～40 分钟，维持环境中的臭氧浓度在 0.01 毫克/米^3 范围内，即可达到空间杀菌效果。

21. 白灵菇菌种生产需要哪些灭菌设备？

灭菌是菌种生产的重要环节，有高压灭菌和常压灭菌两种方式，一般高压灭菌主要用于母种培养基和原种培养基的灭菌，常压灭菌主要用于栽培种或出菇袋的灭菌。

（1）**高压灭菌设备**

手提式高压灭菌锅：适用于接种工具、母种培养基或少量原种的灭菌，容量较小，取出内桶后 450～500 毫升罐头瓶一次能放 17 瓶。

立式高压灭菌锅：用于原种培养料的灭菌，450～500 毫升罐头瓶一次能放 80 瓶。

卧式高压灭菌锅：主要用于原种培养料或少量栽培种的灭菌，450～500 毫升罐头瓶一次能放 280 瓶。

高压蒸汽锅炉：安装在锅炉房内，可产生大量的蒸汽，通过管道输入到完全封闭的灭菌柜，根据产气量多少，一个蒸汽锅炉可带一至数个灭菌柜，主要用于栽培种和出菇袋的灭菌，一次可灭几百至数千袋，适用连续性的大量生产。

（2）**常压灭菌设备** 主要是农户自己建造的土蒸锅，容积可大可小，优点是经济适用，结构简单，易于建造。因为没有压力，灭菌温度最高不会超过 105 ℃，培养基中的养分不易破坏。主要缺点是灭菌时间长，浪费能源，增加成本。

目前，在我国食用菌生产中，各地的菇农基本上都建造有土蒸锅，各有不同，因此在建造土蒸锅时一定要根据生产规模并参照当地实际使用的土蒸锅的类型来建造。

22. 白灵菇菌种生产常用的灭菌方法有哪些？

灭菌是利用物理或化学的方法杀死环境中或物体表面一切微生物的方法，灭菌对所抑制的微生物具有彻底性和相对稳定性。如在各级菌种制备中需要对试管培养基、罐头瓶培养基和塑料袋培养基等灭菌；在接种工具使用前也必须进行灭菌。常用的灭菌方法如下。

火焰灭菌法：用酒精灯或火焰枪外延对接种工具进行烧灼灭菌的方法。

干热灭菌法：使用电热烘箱产生的高温对玻璃器皿金属制品和陶瓷器等进行灭菌的方法，但该法不适用于塑料制品和棉塞、纸张等的灭菌。

湿热灭菌法：通过常压或高压灭菌锅产生的高温蒸汽对灭菌物品灭菌的方法，该法广泛应用于各级菌种培养基制作中。

微波灭菌法：通过微波炉等设备产生的高频电磁波在极短的时间内使细胞死亡，从而达到无菌状态的方法。

23. 白灵菇菌种为什么要在无菌条件下接种？接种时应注意什么？

在白灵菇生产上提到的"杂菌"主要是指对白灵菇菌丝体或

子实体产生危害的病毒、细菌、霉菌等，杂菌污染是指在菌丝体生长的培养基上出现了这些有害微生物。因此，接种时一定要进行无菌操作。首先要在接种室内的环境空间中，其次操作使用的工具与器皿必须经过严格的消毒，另外操作人员的手和衣服上都不带有活体有害微生物。

接种时必须在无菌条件下进行，需要注意以下几点。

①接种室在使用前首先要检查好用具是否齐全，如酒精灯是否需要添加酒精，消毒棉球还有没有、够不够，检查完毕，在工作前半小时，接种间和缓冲间用石炭酸等消毒液喷雾，开启紫外线杀菌灯，关好门窗，照射半小时。然后，再把需要处理的如担孢子、子实体，或需要转接的母种、原种等带入；如果单纯是接种，可先把已灭过菌的试管培养基、原种瓶等搬入接种间，但特别要注意菌种不能同时放入。

②接种前再用75％的酒精棉球擦手，操作时动作要轻缓，尽量减少空气波动。如遇棉塞着火，用手紧握即可熄灭，如不行可用湿布压灭，切不可用嘴吹，如有培养物洒落地面或打碎带菌容器，应用抹布蘸取消毒液，将培养物或容器碎片收拾到废物篓内，并擦洗台面或地板，再用酒精棉球擦手后继续工作。

③接种过程中如必须进出接种间时，切勿同时打开接种间和外边的门，应该关好接种间的门再开外边的门。工作结束后应立即将台面收拾干净，把接好的菌种放入培养箱或培养室，其他不应放在接种间的物品也拿出去，最后用消毒液擦洗台面和地面，开启紫外线灯照射半小时。

④如在接种间内使用接种箱，接种箱使用前和使用后同样必须彻底消毒，主要是要用消毒液把箱内外擦洗干净，其他注意事项与上述基本一样。

⑤如在接种间内使用超净工作台，其他注意事项相同，但特别要把超净工作台的空气过滤网擦洗干净，调整好出风量，风量

太大易把酒精灯吹灭，风量也不宜太小，风量太小则难以保证操作区的无菌状态。

在实际生产中，除了上述标准接种室的使用外，如果原种转接栽培种，或者是栽培种转接出菇袋的量很大，接种间又太小不便于操作，可以把一个较大的房间或者是温室内隔离出一个接种区，在大房间或温室内的接种区，可临时设置一个缓冲间，其他注意事项、操作规程、消毒灭菌方法应按照上述标准接种室的要求进行。

24. 什么是母种？制作白灵菇母种培养基的配方有哪些？

母种又称一级种、试管种，是在试管内培养的纯菌丝体。母种是通过菇体组织或孢子分离获得的，或者通过育种手段选育出的优良菌株。母种可以多次转接扩大繁殖，即从试管内转接到另一试管培养基内培养成若干支母种，达到生产上所需的母种数量。

制作白灵菇母种培养基的配方有以下几种：

（1）马铃薯葡萄糖琼脂（PDA）培养基 马铃薯200克，葡萄糖20克，琼脂20克，水1000毫升，pH自然。

（2）马铃薯蔗糖琼脂（PSA）培养基 马铃薯200克，蔗糖20克，琼脂20克，水1000毫升，pH自然。

（3）加富PDA培养基 马铃薯200克，酵母膏3克，蛋白胨3克，硫酸镁1克，磷酸二氢钾1克，麸皮50克，玉米粉30克、葡萄糖20克，琼脂20克，水1000毫升，pH自然。

在以上添加的营养物中，玉米粉和麸皮的来源很广，普通农户家中都有，购买成本也很低，蛋白胨与酵母膏虽然价格较高，但用量很小，购买一瓶能用很长时间。

25. 如何制作白灵菇母种培养基?

制作白灵菇母种培养基可以任选上述母种培养基的一种配方,根据配方所需原料进行准备。下面以 PDA 加富培养基为例介绍其制作方法:

(1) 制作培养基 先将新鲜马铃薯去皮挖去芽眼,切成薄片,称取 200 克放入铝锅内加水 1 000 毫升,加入玉米粉和麸皮,然后加热煮沸,煮 15~20 分钟,煮到马铃薯片熟而不烂为止,然后用纱布过滤,去掉马铃薯片,取滤液使用,如滤液不足 1 000 毫升时,加水补充至 1 000 毫升。将滤液倒入铝锅内,加琼脂 20 克,加热煮沸并不断搅拌,防止琼脂粘锅底和液体溢出,煮至琼脂完全融化成液体为止,然后再加入葡萄糖、酵母膏、蛋白胨、硫酸镁、磷酸二氢钾,充分搅拌均匀,趁热分装试管。

(2) 分装及棉塞制作 利用分液漏斗进行分装,将分液漏斗固定在铁架台上,漏斗下端用乳胶管和细玻璃管连接,用止水夹夹住胶管,在漏斗内装入配制好的培养基液体,然后将培养基分装入干净的试管内,每只试管内装入的培养基高度为试管长度的 1/4。

棉塞可事先制作好,经灭菌固型后使用,这样有利于快速制作培养基。其做法是先将试管洗净倒置,放入筐内,滴干水分,然后再制作棉塞,棉塞可用棉花和化纤棉制作,取一小团棉花平铺在桌面上,卷曲成柱状,再将两端向内折叠成短柱状后塞入试管内,制作好的带棉塞试管需经固型后使用,这样取出的棉塞才不会松散开来,便于再次塞入试管内。棉塞固型的方法有两种,一种是干热固型法,即在 140~160 ℃的烘箱内保持 2~3 小时;另一种是湿热固型法,将棉塞试管在手提式高压锅内灭菌 1 小时，其做法同培养基的灭菌，紧固型处理后装入筐内置于干燥处备用。

分装试管时，尽量不要使培养基液粘在试管口，如粘上了，要用湿布擦净，以免粘到棉塞上。如试管口粘有培养基的，用干净纱布擦去培养基后再塞上。如粘在棉塞上，一是灭菌后棉塞与试管易粘住，不易拔出；二是营养液粘在棉塞上易引起污染。培养基的分装量以试管长度的 1/5～1/4 为宜，装得太多不好摆斜面。分装完毕，塞上棉塞，每 6 支试管捆成一把，试管口棉塞部分用牛皮纸或双层报纸包住，用皮筋或线绳捆紧，口朝上，直立放入灭菌锅的内桶，准备灭菌。

（3）灭菌 分装好的培养基要及时灭菌，不能放置过久，否则培养基会长出大量细菌，当天制作的培养基当天灭菌。灭菌应在高压锅内进行，将装有培养基并带有棉塞的试管直立放入高压锅内，在表面盖上报纸或牛皮纸，盖严锅盖加热烧开锅内水，产生蒸汽升高压力。

灭菌前先将锅内的水加至需要的刻度，水不宜太多，水多易使棉塞浸湿；水更不能少，如果水少干锅，一是易损坏高压锅，二是会使试管爆裂。加好水后，盖紧锅盖不能漏气，开始加热，加热到压力表指针指向 110 ℃时，打开放气阀排出锅内的冷气，让指针回到零的位置，关闭放气阀，继续加热。当加热到指针指向 121 ℃时，开始计时，让压力表的指针一直维持在 121～126 ℃，45 分钟后停止加热。特别要注意的是，此时千万不能打开锅盖，否则，锅内突然减压，会使培养基快速上升粘到棉塞上，甚至冲出棉塞外。应该让锅自然冷却，待压力表指针回零后，先打开锅盖的 1/3，让一端慢慢垫放到木架上，使其成一定角度的斜面，气体逸出，利用余热烘干棉塞，3～5 分钟后去掉锅盖，趁热取出试管摆放。

（4）斜面培养基制作 当培养基冷却到 70 ℃左右时，趁热制作成斜面培养基，一旦冷却凝固后就无法制作斜面，培养基还需两次加热融化后才能制作成斜面培养基斜面。试管取出时要注意保持试管口始终朝上，摆放斜面以成捆斜放较好，培养基的斜面占试管长度的1/2为宜。培养基制作方法是首先在桌面上放置一根厚为1厘米的木方条作枕，然后将培养基试管上端靠在枕木上，试管内液体自然就成倾斜状，如此一排一排摆放，边摆放边调整斜面的长度，以斜面上端距棉塞约1厘米，下端刚至试管底部为宜，切勿让培养基与棉塞接触，否则棉塞会受潮生长霉菌。培养基未凝固之前不要移动试管，以免斜面培养基变形。自然冷却后，培养基凝固成斜面状，收起存放。为了检查灭菌效果，可从中抽取几支试管，在25 ℃放置5～6天，看斜面上有无杂菌，没有杂菌就可供接种用，这样可避免培养基因灭菌不彻底就接上菌种，最后造成菌种报废。如果有杂菌，说明灭菌不过关，需重新灭菌，灭菌方法与上述灭菌的方法一样。

26. 如何进行白灵菇菌种的分离与培养？具体方法有哪些？

目前，在食用菌生产上所说的接种，指的都是菌丝体的转接。如试管转试管，即把菌丝体从这一试管转到另一试管的培养基上培养；或者是母种转原种，即把试管内的菌丝体转到原种瓶内的基质上培养。只要菌丝体从一个容器内被转到另一容器内的基质上培养就称为接种。实际上，真正意义上的接种还有两种方法，即组织分离法和孢子分离法，以下分别介绍。

（1）组织分离法 根据不同的分离材料，组织分离可分为子实体组织分离、菌核组织分离及菌索组织分离3种，白灵菇采用的是子实体组织分离法。

利用白灵菇菇体组织进行分离培养菌种是一种常用的采种方

法。组织分离是一种无性繁殖的过程，通过采集菇体组织进行培养获得的菌种是一种无性繁殖方式，在严格无菌操作的条件下，从理论上来讲，所获得的菌丝体只是一种再生，菌丝体细胞核并没有被异质化，染色体也没有发生重组，将保持原有的遗传特性。因此，对于采集到的白灵菇野生菇体或在高产区获得的优质菇体，通过组织分离，不仅可以快速地获得纯化菌丝体，而且可以保持它的种性。同样在育种时，通过组织分离，才能使新菌株的遗传特性尽快稳定下来。此外，在生产上，通过组织分离，也可以保存或复壮某些具有优良性状的生产用种。

子实体组织分离法步骤如下（图4）。

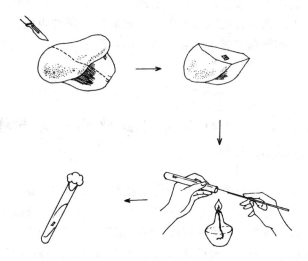

图4 白灵菇子实体组织分离示意图

①菇体选择：菇体选择是获得优良菌种的关键，需在高产区选择菇体，要求菇体长势健壮，菇形优良，无病虫害，含水量低，菇体尚未完全成熟，以7~8分成熟的菇体为宜。

②切取组织块：采收的新鲜菇体要及时进行组织分离培养，先去掉菇体表面杂质，后用拧干了的75%的酒精棉球反复擦洗

菇体表面进行消毒处理。在接种箱内或超净工作台上进行组织分离操作，将菇体剖开，用已在酒精灯火焰上灼烧并冷却了的手术刀，切取菌柄或菌盖部位内部组织，切取的组织块大小如玉米粒或豆粒大，将组织块放在培养基斜面中央，在25℃下培养，使组织上萌发出菌丝体。

③纯化与转接培养：当组织块上长出菌丝体，并且菌丝体生长到1厘米左右时，选择菌丝体生长整齐、浓密、生长速度快、无杂菌感染的首先进行转接纯化培养，用接种铲铲取前端菌丝体转接在斜面培养基上，每支菌种试管可转接6～8支试管。转接的菌种在25℃左右下培养。在菌丝体尚未长满管之前进行筛选，选择菌丝体生长快、浓密、粗壮、无杂菌感染的菌种保藏起来做出菇鉴定。

④出菇鉴定：由于组织分离培养的菌种并不是完全和出发菌株一致或优于出发菌株，也有可能比出发菌株差，因此需做出菇比较进行筛选试验。出菇试验需与出发菌株或国内推广应用的菌株在同等条件下进行栽培比较，每个菌株至少栽培100袋，只有通过出菇鉴定筛选的优良菌株才能用于生产。

（2）孢子分离法 孢子分离也是获取菌种的方法之一。孢子分离分为单孢分离和多孢分离两种，单孢分离主要用于杂交育种和交配型分析，多孢分离培养的菌种是能出菇的，多孢分离是一种有性繁殖过程，也是一种复壮选种的过程。

下面分别介绍单孢分离法与多孢分离方法：

①单孢分离法：在500毫升容积的三角瓶内，装入100毫升去离子水，瓶塞处悬挂一根S形的铁钩，121℃高压灭菌30分钟，分离前用紫外线灯照射30分钟。

选择个体健壮、朵形正常、外表清洁、无病虫害、6～7分熟的子实体，在超净工作台中，用75％的酒精棉球对子实体表面进行充分擦拭消毒。然后用无菌刀切取一块带有菌褶的子实体块，将其悬挂在S形钩子上，菌褶面朝下放入三角瓶中，使其离水面有一定的距离，将三角瓶在 20 ℃下放置 24～48 小时，让白灵菇孢子自然散落在水中（图 5）。在超净工作台中取出悬钩，将落有孢子的水溶液分别稀释 500 倍和 1 000 倍，然后涂在 PDA 平皿培养基上，在 25 ℃的恒温培养箱中，培养 2～3 天，可长出白色小菌落。分别挑取小菌落于新的培养基中继续培养，并在显微镜下镜检，保留所有没有锁状联合的单核菌株，分别用于单孢交配和组合。

图 5　白灵菇三角瓶孢子分离示意图

②多孢分离法：选择菌盖已平展成熟、生长健壮、无病虫害、含水量低的子实体，采收的子实体装入塑料袋内或用无菌纸包裹带回实验室内，去掉菌柄，将菌盖放置在无菌罩内培养皿的无菌纸上。培养皿放在铺着浸过氯化汞溶液的纱布的托盘上（图 6）。放置半天后就会弹射出大量孢子，形成一层白色粉末状物即孢子印，最好将第一次弹射的孢子印去掉，取再次弹射的孢子印使用，可避免孢子中混有杂菌。孢子接种需在接种箱内或超净工作台内无菌条件下进行，将接种环用 75％酒精棉球擦洗，再在酒精灯火焰上灼烧杀菌，冷却后用于蘸取孢子接种。将接种环放入无菌水或斜面培养基内冷凝水中浸湿，再放入孢子印中来回拖动蘸取孢子，伸入斜面培养基内划线接种，

然后移置在 25 ℃下配养，培养 10 天左右，孢子就可萌发成菌丝体。

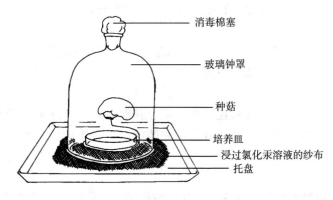

图 6　白灵菇多孢分离示意图

此外，还可采取直接弹射接种方法，切取菌褶一小片放置在棉塞上，抽取 1～2 根棉花纤维固定菌褶塞入培养基试管，直立放置于室内 1 天后，从菌褶上弹射出来的孢子就直接落在斜面培养基上，然后在酒精灯火焰旁边去掉菌褶，防止菌褶上生长霉菌，移置在 25 ℃下培养让孢子萌发成菌丝体。孢子萌发成菌丝体并且长出菌落后选择无杂菌感染的作菌种使用。由于孢子在斜面上分布不均匀，造成菌丝体生长浓密不一致，因此要从浓密区挑取菌丝体进行转接培养，由于不同区域的菌种其遗传特性也有可能不一样，因此要分别做好编号。转接的菌种放置于 25 ℃下培养，待菌丝体生长有 1 厘米左右大小时，选择长势好、生长整齐、浓密粗壮的菌种，再切取前端菌丝体转接培养 1 次，将满管菌种一部分用于出菇鉴定，另一部分保藏起来。多孢分离的菌种由于孢子是经过减数分裂后的产物，有一部分孢子的基因型与出发菌株不同，其后代可能会发生变异，因此必须经过出菇鉴定筛选试验，出菇鉴定方法同组织分离菌株的鉴定方法一致。

27. 如何进行白灵菇的母种转接？

通过组织分离、孢子分离（单孢或多孢）获得的白灵菇优良菌株，必须通过试管的转接，才能进一步繁殖扩大菌丝体，从而满足菇农购买和大规模生产的需要。菇农在购买到试管母种后，通过试管转接快速地扩大菌丝体数量，可以降低大量购买试管母种的成本，节约开支，并能满足原种生产的需要。母种转接技术有很强的实用性，掌握此技术很有必要，基本操作程序如下。

母种的转接要求无菌操作，按照进入接种间的程序进行消毒灭菌，再把母种和试管培养基带入。接种前，接种箱内或超净工作台都一样，要准备有酒精灯、酒精、酒精棉球、接种钩、消毒液泡过的湿布等。用酒精棉球擦洗双手和母种试管的管口部分，点燃酒精灯；接种时左手手持母种试管和要转接的试管，先取掉母种试管的棉塞，母种试管的管口部分不要离开酒精灯火焰上方的无菌区，右手拿接种钩，在酒精瓶内把接种钩的前半部分蘸一下酒精，抽出后在酒精灯火焰上再来回地烘烧接种钩的前半部分。把要转接试管的棉塞拔出，接种钩伸入母种试管取豆粒大的一小块带基质的菌丝体，快速地放入到转接试管培养基的中间，塞上棉塞，即完成一次母种的转接过程。这样反复操作，很快就能完成一支母种的转管，一般一支母种可以转接 30～50 支试管不等。具体转接的数量，根据需要来定，需要量少时，可以把一支母种分成几次使用，即这次用不完，塞上棉塞，保存在冰箱内 5～6 ℃，以后再用。母种的转管接种是一个熟练的过程，实际上并不难，练上几次就可以完全掌握。在接种时应注意，如果棉塞被酒精灯烧着，千万不能用嘴吹，应用无菌的湿布捏灭。此外，接种过程中，接种钩不要烧太热，否则会把母种基质与接种钩粘在一起，基质粘在接种钩上不易掉下，这时可把接种钩在斜面培养基上划几下，如果菌块还粘在上面，应抽出接种钩，用酒精棉球擦净接种钩，再在酒精灯上烤干，继续接种。

28. 白灵菇母种培养过程中需要注意哪些问题？

白灵菇母种接种后的试管 6 支一捆用无菌的牛皮纸或报纸将试管的上部与棉塞包扎好，放入 23～25 ℃的培养箱进行恒温培养。如果没有培养箱，可放在一个遮光的纸箱或木箱内，再把纸箱或木箱放入培养室或其他干净清洁、温度适宜的房间进行培养。培养过程中，要尽量保持温度恒定，如果温差较大时，试管斜面会出现波幅不齐的菌落。温度不宜过低，低于 15 ℃菌丝体生长很慢；温度不宜过高，高于 28 ℃菌丝体生长虽然快，但菌丝体细弱，不够健壮。

培养过程中，要经常检查菌丝体的生长情况，仔细观察培养基斜面是否有杂菌污染，特别要注意细菌的污染。如果是霉菌污染后，培养基斜面上会出现不同颜色的霉菌孢子，根据颜色的不同很容易判定杂菌的污染。而细菌污染则不同，在污染发生不严重时，仅在培养基表面出现泡状的不是很白的小点，菌丝体生长快时，菌丝体会把它盖住，致使我们不容易发现。但是，这种被细菌污染带上杂菌的试管，如果被用来继续转管，会使更多的试管被污染，造成较大的经济损失。如果继续转接原种，菌丝体的正常生长会受到影响，表现为菌丝体萌发后，生长迟缓，在培养料中出现白斑，菌丝体只能绕过斑块才能继续生长。

正常情况下，培养 8～10 天菌丝体就可长满试管斜面，让菌丝体再长上 2～3 天，就可继续转接原种。如果暂时不用，应保存在 4～6 ℃的冰箱中冷藏。

29. 如何判定白灵菇母种质量好坏？

白灵菇母种质量的好坏，直接关系到后续生产是否能够继续进行，直接关系到栽培的成败和产量的高低。因此，把好母种质量关，是白灵菇栽培中首要的技术环节。

母种质量的好坏，主要由两个方面决定。一是所使用的白灵菇菌株本身的优劣，这是由该菌株的遗传性决定的。如果菌株是自己选育的，那么菌株经过反复的出菇试验后，其优劣性应该十分清楚。如果是引进的品种，那么引进品种的产量和品质等栽培性状到底如何，是否适合当地的气候和栽培条件，不能单凭菌丝体生长快慢来判定其优劣，必须通过试验性栽培，结合出菇性能的测试指标才能判定其是否可以大规模栽培。二是菌种的优劣，它与制种技术和培养条件有关。即便使用的是优良菌株，由于受各方面因素的影响，比如消毒灭菌不彻底，操作不规范，或营养、温度等没有满足要求，生产出来的菌种就可能有污染，或者是菌丝体细弱长势差，这样的菌种根本不可能发挥出优良菌株的特性。因此，必须在母种转管后对其质量的优劣有一个基本的判断，以确保母种菌丝体在进入下一个生产环节后能够正常生长。

一般白灵菇母种质量的鉴定可从以下几方面进行：

（1）菌种纯度 生产白灵菇所用的菌株一定要纯，除了菌株应具有稳定的遗传性状外，还要求其本身不带杂菌，即不存在隐性污染的问题。隐性污染由于症状不明显，而且鉴定难度大，往往易被人们忽视。一般来讲，在培养基上没有发现任何杂菌，培养基的配方营养及环境条件也没问题，而且转管后菌丝体萌发很好，初始生长也不错，但以后菌丝体却是越长越弱，这种情况下就应该怀疑是否存在隐性污染。菌株自身存在问题与菌种的老化或退化是不同的，其中最大的区别是，隐性污染的菌丝体萌发较好，而菌种老化或退化后，菌丝体的萌发力就非常弱。

要使用没有感染任何杂菌的纯培养基转接母种。凡是在接种前或接种后，培养基中出现白色、黄色、红色、绿色、黑色等各种不正常的色泽时，即使培养基中出现一个很小的黄斑或其他色泽的斑点，也说明母种已被污染，必须废弃。如果接种者认为再接种时，若不接触斑点，只把菌丝体转接过去不会发生任何问题，那接种者一定会犯下很严重的错误。这些斑点虽然很小，但杂菌孢子很有可能已经落在了要转接的培养基上或附着在接种钩上，转接后这些孢子会在新的培养基上萌发，从而造成新的污染。杂菌孢子会随着空气到处传播，同样细菌的污染也不能忽视，细菌污染主要是在培养基上出现浅白至淡黄色的泡状、黏糊状或片状的物体，一般在试管未接入菌种前，培养基上出现的是浅白色的泡状或片状物；接入菌种后，则主要是在接种块旁或周围出现淡黄色的黏糊状物。若菌丝体生长快，菌丝体就会很快把细菌污染物给盖住，如果不及时观察发现，就会漏过去，转接原种后，会使培养料发酸发臭，严重影响菌丝体的生长。

(2) 菌丝体长势 菌丝体长势是指菌丝体的生长速度和生长状况，白灵菇母种培养中，凡是菌丝体生长健壮、生长速度快、菌丝体繁茂、菌落厚的就应该是好菌种；而菌丝体生长细弱、稀疏、灰白，菌落薄，即使生长速度快，也肯定不是好菌种。

(3) 菌丝体色泽 培养基上菌块萌发长出的首先是白色的菌丝体，菌丝体沿基质生长的初期，6～7天内菌丝体为浅白色，这时菌丝体生长量大约占试管培养基斜面的60%，随着菌丝体继续生长，当菌丝体布满整个培养基斜面时成为纯白色。如果菌丝体生长过程中色泽变为灰白色或淡黄色，则说明菌种可能被杂菌污染，最好不用。

30. 如何确定白灵菇母种的菌龄？

确定白灵菇母种菌龄有以下两种方法。

①以母种继代的次数，即以试管菌转试管的次数来计算菌龄。假如以 M_1 表示母种一代，那么，M_1 转接后的试管菌就是 M_2，即母种二代，如果 M_2 再转接后就变为 M_3。以此类推，M后的数字越大，说明菌种的菌龄越大。如果在相同的培养条件下，M_1 与 M_2 或者 M_3 的菌丝体形态几乎没有区别，用肉眼几乎是辨别不出来的。

由于母种菌丝体的转接是无性繁殖的过程，从理论上来讲，只要能满足菌丝体生长的需要，就可以无限制地繁殖下去。但是，在实践中每次转管，因受各种条件的限制，存在着许多影响菌丝体生长的不利因素，如隐性污染问题，每多转一次管，都可能发生隐性污染，转管次数越多、越快、越频繁，隐性污染发生的概率就越大。因此，母种继代的次数是有限度的，菌龄不能无限大，从实际操作中积累的经验来看，一般母种继代5～7次，但是，每次继代间隔应在10天左右，不能连续不停地转管，否则，菌丝体长势将一代不如一代。

②以母种培养时间和保存时间的长度，即从试管菌转接后就开始算起，菌丝体从萌发到长满试管斜面以及以后保存的天数都算菌龄。比方说两支试管 A 菌和 B 菌都是 M_2，培养时间短的 A 菌龄小，培养时间长的 B 菌龄就大。假如说 A 培养时间为15天，但保存时间为20天，加起来一共是35天。而 B 培养时间为20天，但保存时间只有10天，加起来一共是30天。则这时 B 的菌龄小，A 的菌龄反而大。以这种方法计算的菌龄，除了培养或保存的时间外，与培养或保存的温度高低还有很大的相关性。例如，温度高时，菌丝体的生长发育速度较快，菌丝体长满

试管斜面的时间早，这时菌龄小，如果继续在高温下生长，生理代谢仍然旺盛，菌丝体生长会大量消耗基质的营养，不仅加快了菌丝体衰老，培养基也会干涸，虽然菌丝生长快，满管时间短，但实际上菌丝体已经老了。试管菌的菌龄除了时间的概念外，还有重要的形态指标，就是看菌丝体的萎缩形态与培养基的干涸程度。凡是菌丝体萎缩或培养基已经干涸的，不管培养时间长短，都是菌龄过大的菌种。

菌龄大小对生产的影响，主要表现在菌种随着培养时间的延长，其生理活性会逐渐降低，菌龄越大，生理活性越低。如果把菌龄大的菌种，继续转接试管或原种，则其萌发力就不如适龄的菌种强。一般菌丝体长满试管斜面后，在 5～6 ℃保存条件下，转接原种的试管菌的适龄为 15～20 天，菌龄最多不应超过 45 天；转接试管的白灵菇母种适龄是 20～70 天，菌龄最多不应超过 90 天。

31. 保藏白灵菇母种有哪些方法？

母种保藏是目前白灵菇生产上保藏菌种的一种主要方法。通过母种保藏可以把从各地引进的白灵菇菌株，或者是收集培养的白灵菇纯化菌丝体保存起来，为以后的研究或生产所用。更重要的是通过母种保藏，可以把经过生产实践检验，适合当地气候与栽培条件的优良菌株进行长期保藏，防止绝种。因为获得一个通过生产实践检验的优良菌株是非常困难的，它的遗传基因是其他菌株不能代替的，而通过组织分离获得的菌丝体也不能代替原来的菌种。因此，母种的保藏至关重要，这就要求母种在经过较长时间的保藏后，不仅要保持原有的生活能力，不能死亡；而且应保持原有的优良性状和生产性能，同时要保证纯度，没有杂菌污染或虫害。

为了达到母种保藏的目的，延长保藏时间，减少保藏成本，目前在生产上主要采用低温和隔绝空气的方法，通过抑制菌丝体的呼吸作用和生理代谢，使之处于近休眠状态。具体有以下几种方法。

（1）斜面低温保藏法 又称继代培养法，是一种简单实用、灵活方便、成本低廉的保藏方法。由于它简单易行，不需特殊设备，并能随时观察保藏菌种的情况，因此短时间保藏菌种，一般都采用此法。将需要保藏的菌种接种在斜面培养基上，在适宜的温度下培养，当菌丝体长满斜面时，用硫酸纸或牛皮纸包扎，放在 4 ℃的冰箱内保藏，保藏时间一般在半年至一年之间，一般 3～6 个月转管 1 次。用于保藏的斜面菌种棉塞，要防止霉菌污染。斜面试管冰箱保藏菌种虽然简单易行，但在 4 ℃左右，白灵菇的新陈代谢活动并未停止，同时试管斜面也易失水变干。因此，保藏时间较短，几个月转管 1 次，若转管次数多，则变异的可能性增大，不适宜长期保藏菌种。

（2）麦粒菌种保藏法 采用麦粒培养菌丝体并在低温或自然温度下保藏，材料来源更广泛，制作保藏方法更简单，因而更适于在广大菇农中使用。

（3）木屑菌种保藏法 白灵菇为木腐菌，菌丝体生长过程中能够很好地利用木质素，因此在木屑培养基上生长良好，完全可以用其来保藏菌种。

（4）蒸馏水保藏法 这是一种简单的保藏方法，只要把保藏的白灵菇菌丝体悬浮在蒸馏水中，并将容器封好，便能达到目的，此法保藏菌种一般可 1～2 年转接 1 次。

（5）石蜡保藏法 即在斜面培养基上灌注矿物油隔绝氧气，防止培养基水分蒸发，从而能抑制微生物代谢，推迟细胞衰老，遏制微生物的变异和退化。此法保藏菌种一般可 2～3 年转接 1 次。

32. 保藏白灵菇母种具体操作中需要注意哪些事项?

(1) 斜面低温保藏法 采用 PDA 加富培养基,配制方法与前述的 PDA 培养基配制方法一样,但在分装培养基时,给试管内灌装的培养基量要略多一些,即比一般灌装培养基要多一些,装到 1/4 多。如果按试管长度 180 毫米计算,要比一般灌装在试管的 40～45 毫米,增加到 50～55 毫米处。增加培养基的量有利于在保藏过程中供给菌丝体所需的养分和水分,避免培养基干涸。把需要保藏的菌株接种在做好的培养基上于适温下培养,当菌丝体快要长满斜面时,选择菌丝体生长健壮、菌落厚的试管菌种,一般要求至少选择在 3 支以上,当然具体保藏的试管数量可根据实际需要而定。选好试管后,每支试管的试管口与棉塞都要用防潮牛皮纸和塑料膜双层包扎,然后一起放入牛皮纸信封内,写上菌名和日期,即可放入冰箱在 4～6 ℃保藏。试管封口的材料除了棉塞外,还可用硅胶塞或橡皮塞封口,方法是当菌丝体快要长满斜面后,在无菌条件下拔掉棉塞,再把灭过菌的硅胶塞或橡皮塞塞入,然后同样用防潮牛皮纸和塑料膜双层包扎进行保藏。在保藏过程中,应每隔两个月左右定期检查一次,或者在转接时进行抽检。根据保藏情况,确定是否需要再重新补充空缺的菌种。用棉塞封口的主要看棉塞是否受潮,若受潮后极易导致杂菌污染,应及时更换棉塞,方法是在无菌条件下,把无菌的棉塞在酒精上烧一下,然后拔掉旧棉塞,迅速把新棉塞塞入管内,重新包扎贮藏。如发现棉塞上有黑色、绿色或其他颜色的非常细小的点时,说明棉塞已被杂菌污染,而且杂菌的孢子已掉在了培养基上,应马上取出淘汰,补充新的菌种。另外,在保藏过程中,冰箱内的湿度太大是影响保藏的主要因素，因此，可在冰箱内放上干石灰粉等干燥剂，降低湿度。在定期检查时，要用干布擦去冰箱内壁上的水汽并换上新鲜的干燥剂。

（2）木屑菌种保藏法 具体制作培养与保藏方法如下。

选择阔叶树木屑，先暴晒几天，然后按木屑70%、麸皮25%、蛋白胨（或酵母膏）2%、白糖2%、石膏1%的配比，先把木屑加水拌起，再把麸皮、蛋白胨、白糖与石膏拌在一块后加入到木屑上，充分搅拌均匀，含水量65%左右，即用手紧握，培养料指缝间有水出现或有水滴下，pH 7～7.5。培养料配好后装入试管，右手拿住试管上部，把试管的底部轻轻地在左手心墩上几下，使培养料下沉并相对紧实，但培养料也不要太紧，装入量占试管长度的1/4～1/3为宜，装好后擦净试管，特别是试管口内外要擦净，塞上棉塞，再用牛皮纸和塑膜双层包扎，放入高压锅灭菌，保持121～126℃ 2小时。灭菌冷却后，在无菌条件下接入需要保藏的白灵菇菌种，注明菌种名、接种人和日期，适温下培养。当菌丝体生长到接近试管的底部时，如果在自然温度下保藏，即可停止培养，重新把试管包扎好，试管外再用双层报纸包住，放在阴凉、干燥、温度变化小的地方保藏。如果是在冰箱内低温下保藏，要等到菌丝体长满了木屑培养基时，才可停止培养，重新把试管包扎好，装入牛皮纸信封保藏。

木屑种在自然温度保藏时检查比较方便，可以随时查看。如果是在冰箱内保藏，则需要定期检查，具体检查方法和注意事项可参照试管斜面的保藏。木屑种在自然温度下可保藏5～6个月，在冰箱低温下可保藏18个月左右。木屑种在保藏后继代培养时，由于木屑种萌发速度慢，应先转接到试管斜面母种培养基上，使菌丝体的生长能力逐步得到恢复后，才可以继续转接到其他培养基上，或者是转接到原种培养基上培养原种。

33. 白灵菇菌种退化的症状及其原因是什么？

在食用菌生产上，菌种退化主要是指某个品种或菌株在生产上使用一段时间后（时间长短不一，因品种或地区不同而异），菌丝体的生长速度、长势及子实体产量和品质均出现明显下降的现象。在生产上菌种退化主要表现为3种类型。一是菌丝体生长阶段没有明显的异常现象，菌丝体长势与以往或同期栽培的其他菌丝体基本相似，菌种退化的表现不突出，但到了出菇阶段后，出菇性能下降，表现为出菇不齐，菌盖变薄、菌柄变长，产量品质均与正常菇出现一定差异；二是菌丝体的萌发和生长初期正常，但随着菌丝体的继续生长，在菌丝体生长的先端出现钩状或扭曲，接着菌丝体生长速度减慢，菌种退化的症状逐步显现，到了出菇阶段后，出菇性能明显下降，产量与品质均与正常菇出现较大差异；三是在菌丝体生长阶段一直表现出衰弱状，菌种退化的症状十分明显，表现为菌丝体纤细，生长无力，杂菌污染显著上升，后熟期延长，并且无法出菇。

菌种退化原因是由于菌株出现遗传性变异造成的，在生产过程中引起变异的因素可能有以下几点。

（1）**自然变异** 所有的生物体在其生长发育和繁殖后代的进程中，自体发生变异是一种自然进化的需要，而且越是低等的物种，越是生长繁殖速度快的生物，自体发生变异的概率也越大。白灵菇作为真菌类生物，其菌丝体在细胞不断分裂生长过程中如果菌丝体细胞内的细胞核发生变异，则变异的细胞核将随着细胞的快速分裂而不断增殖。当菌丝体内变异核占了较高比例后，可能会引起双核菌丝体的单核化，由于单核菌丝体不具有结实性，致使子实体不能产生；变异核可能会影响锁状联合的顺利进行，从而影响子实体的产生。如果使用这样的菌丝体继续转管后的菌种，就一定是退化的菌种。

（2）**环境变异** 在菌丝体生长和子实体的发育过程中，遇到不良的环境条件时，如温度、湿度的急剧变化，病害与虫害的侵袭等，一方面菌丝细胞为了抵抗不良环境或者更好地适应环境，有可能会改变其代谢途径。同时，菌丝体细胞也可能会产生有毒物质，这种有毒物质不会自然排出或消失，当积累到一定程度时，不仅对病菌产生较强的抵制作用，而且由于消耗了大量的能量，对自身的生长发育也将产生不利作用。另一方面，如果病菌侵染菌丝体后，在与菌丝体细胞争夺养分的同时，也会分泌大量毒素，干扰或阻碍菌丝体细胞的正常代谢功能。因此，菌种退化的症状就会逐步显现出来。

环境变异对菌株的影响还表现在天然杂交方面。在长期的栽培过程中，尤其是在一个相对密闭的栽培环境内，子实体产生的孢子在环境中的浓度不断增加，当新一批菌袋到了出菇阶段后，环境中的孢子会随着空气的流动落在菌袋上，并在适宜的条件下萌发，导致部分单核菌丝体结合，造成一定频率的天然杂交，使菇袋中菌丝体的均一性降低，异质性增加。杂交菌丝体中不具有出菇能力的菌丝体不仅争夺培养基的养分，而且会阻碍子实体的产生，使出菇明显减少。

（3）**人为变异** 在生产过程中，由于人为原因使菌种的继代培养次数太多、太频繁，而且隔代时间太短，有的仅有几天，使菌丝体细胞一直处于分裂的状态，不能贮藏维持自身生存所需的物质和能量，因此，在不断快速的分裂过程中，会造成细胞的发育不良，或者是造成细胞内某个细胞器及一些必需成分的丢失，甚至产生突变，从而影响到细胞的正常代谢功能。细胞发育不全，代谢功能紊乱，必然导致菌丝体出现整体退化。

34. 白灵菇菌种老化与退化有何不同？其特点是什么？

在食用菌生产上，菌种老化是指菌种在培养基上生长时间过长，部分或全部菌丝体出现的一种生理性的机能衰退现象，这是与遗传性变异引起菌种退化的最大不同之处。菌种老化虽然与菌种退化的性质不同，两者间也没有必然的联系，但菌种退化的品种或菌株更易出现菌种的老化，而老化的菌种不一定会出现菌种的退化。

菌种的老化在某种意义上来讲，实际上是培养基的老化，正是由于培养基的老化，才使得依赖培养基生长发育的菌丝体生理活性降低，逐渐出现老化。因此，菌种的老化主要表现为培养基形态的改变和菌丝体生活能力的下降。例如，培养基脱水、变干、内缩，菌丝体倒伏、稀落，再萌发能力差，分生孢子大量产生，且不易萌发等。菌种老化具有以下几个特点。

（1）菌株特性 菌株的抗逆性、适应性、温型等特性直接决定了菌种老化的快慢。一般来讲，抗逆性与适应性强的菌株老化慢，抗逆性与适应性差的菌株老化快。低温型菌株老化慢，高温型菌株老化快。此外，菌丝体生长粗壮，耐水性强，能够在培养基较高含水量条件下生长，并且菌丝体具有良好的吸水性与保水性的菌株老化慢。相反，菌丝体生长不良的不耐水菌株，在培养基含水量降低时，该菌株菌丝体就很快显现出脱水症状，菌丝体脱水越快，菌株老化也越快。

（2）相对的独立性 菌种老化的特点是仅发生在个体上，例如，同一菌株的两支试管母种，由于培养时间不一样，一支试管母种菌龄太长已老化，而另一支试管母种菌龄适宜未老化，因此，个体与个体间、个体与群体间没有必然的联系。

（3）**不具有传播性** 同一支试管母种内在斜面培养基的不同部位，菌丝体老化的程度不一样，一般斜面上部培养基易干裂，菌丝体也易老化；而斜面的中、下部培养基由于贮藏的水分和养分较多，即使培养基的边缘有干缩现象，菌丝体也不易老化。即试管斜面上部老化的菌丝体不会影响其中、下部的菌丝体，而且中、下部的菌丝体还可以继续转接母种或原种，因此，菌种的老化不具有传播性。

（4）**阶段性** 菌种的老化虽然不具有传播性，但它可以独立发生，即在菌种的不同培养阶段都会出现菌种老化。不仅在母种上发生，在原种、栽培种中都可以发生，母种不老化不能保证原种不老化，同样，原种不老化也不能保证栽培种不老化。

（5）**可恢复性** 老化的菌种在一定程度上还具有可恢复性。一般老化的菌丝体通过转接后，只要它萌发出的新菌丝体生长正常，就可逐步得到恢复，不会影响到继代的菌种，可以继续使用。例如，老化的原种转接在栽培种上后，如果很快萌发出新的菌丝体，而且菌丝体开始吃料并正常生长，那么菌丝体的老化症状就可逐步得到恢复，不会影响到栽培种，可以继续用于转接出菇袋。

（6）**季节性** 菌种老化与温度高低有很大的相关性，在夏季高温培养条件下，不论是母种或原种还是栽培种，当其菌丝体生长到一定程度后，就可能出现老化。例如，菌丝体已长满了试管的斜面，继续在高温下生长菌丝体就易出现老化。此外，如果菌丝体在原种瓶及栽培种袋内生长时间过长，菌丝体在长满瓶和袋，或菌丝体未长满瓶和袋时就已经开始老化。在秋、冬季低温培养条件下，由于气温较低，菌丝体的生长发育时间长，各级菌种的老化速度相对就慢。

菌种老化受培养材料、条件及时间的影响。

（1）**培养材料** 在其他培养条件相同的情况下，培养基材料不同则菌种的老化速度也不同，如母种培养基中添加麸皮后菌丝体的老化就慢，不添加麸皮的菌丝体老化相对就快。在原种或栽培种中，棉籽壳和木屑制作的菌种老化速度慢，用玉米芯制作的菌种老化速度相对较快。

（2）培养条件 在其他培养条件相同的情况下，菌丝体培养在黑暗条件下生长比在有光照时老化慢。一般在光照下可促进子实体的产生，但是，在有光照条件下，如果达不到出菇必需的温度、湿度条件，则不仅不会出菇，反而会加速其菌丝体老化。

（3）培养时间 综上所述，菌种老化既与菌株本身的特性有关，也与菌种的培养条件、培养材料及培养温度等有关，但决定菌种是否老化更直接的因素是时间，任何菌种的菌丝体生长超过了适宜的时间范围，就会出现老化，而其他因素只是与老化的时间长短有关。因此，凡是超过培养或保藏时间的菌种都会出现老化，应及时使用或重新转接进行保藏。

35. 如何预防白灵菇菌种的退化或老化？

为了防止白灵菇菌种的退化与老化给生产造成损失，在生产上应采取以下几条措施。

（1）制定检测标准 相关单位或部门应制定出菌种质量的具体考核内容及指标。考核内容及指标应尽可能细化，简单明了，要把白灵菇品种的关键性状如菌种纯度、菌丝体生长速度、长势、色泽、菌龄、出菇期早晚、菌盖大小与厚薄、菌柄长短、畸形菇比率、产量及生物转化率等作为考核内容。考核内容及指标要有可比性，如栽培材料、栽培季节等。检测标准的制定不仅要定性还要定量，例如菌丝体的色泽，菌丝体的生长速度，在PDA加富培养基上 $23 \sim 25$ ℃培养10天左右长满试管，这就是定量，若在相同条件下菌丝体生长远远超过了这个天数，达到了15天或更多，则说明菌种是有问题的。再如产量，一般应以相同栽培料、相同季节栽培的3次平均值为标准，不能连续两次低于栽培菌种10%以上，否则，说明菌种已经退化。总之，检测标准的制定要有科学性，要以当地的生产水平为主并参考其他地区同类型的栽培情况来综合制定。

（2）**完善检测方法** 菌种是否退化或老化的检测要以试验、示范与生产相结合的方法进行。对有疑问的白灵菇菌种，首先要进行不同栽培材料、不同栽培方法的重复对比试验，在试验中要根据考核内容与检测标准仔细观察，认真分析，对确实已经退化的菌种坚决淘汰，表现较好的菌种则应通过进一步示范，确认没有退化后，才可在生产上应用。

（3）**规范生产技术** 建立严格规范的生产技术是防止菌种退化或老化的最好措施，生产技术应以简略的文字总结出来，熟记在心，以便应用。

（4）**注意操作细节** 生产实践表明，不注意操作上的一些细小环节，也会影响菌丝体的生长，甚至造成菌种的退化。因此，食用菌生产企业要制定详细的操作规程并要严格遵守。

（5）**加强品种选育** 综上所述，白灵菇菌种的退化或老化是必然的，每一个菌种都存在着自然变异的可能，任何菌种都有盛衰期，采取防止菌种退化或老化的措施，目的是要延缓菌种的退化或老化，更重要的是要避免菌种退化或老化给生产造成不必要的损失，不断地用新的优良品种满足生产的需要才是解决菌种退化或老化的根本保证。通过诱变育种、杂交选育，也包括从退化的菌株中选择优良的个体，通过组织分离稳定其所分离菌株的优良性状，重新筛选出适宜生产需要的菌株，在生产上这种方法又称为复壮，这是一个能够较快地解决菌种退化的有效途径。

36. 如何对退化的白灵菇菌种进行复壮?

对于白灵菇退化菌株的复壮主要采用的方法有两种：一是对

白灵菇原菌株子实体进行组织分离，二是采集原菌株的担孢子进行单孢或多孢杂交。

通过组织分离可以较快地使菌株得到复壮，因此在生产上是一种常用的简便方法。组织分离时要注意几点：首先，进行组织分离的子实体一定要无病斑、无虫蛀、菌盖厚实、菌柄粗短、中等成熟、未开伞、菇形较大但不要最大的菇体。选好后，采摘前不要向菇体喷水，否则，菌盖中含水量太大时不利于菌丝体的萌发。其次，组织分离时严格按无菌操作的要求去做，但子实体一定要在接种间消毒灭菌后再带进去，子实体最好不要用任何消毒剂处理，如果含水分较多时最好在阳光下晒一晒，当菌盖表面不粘手时，直接从菌柄处撕开两半，在菌柄顶端的菌盖中菌肉最丰富的部位取菌块转接到试管中培养。菌丝体萌发后每天要观察记录温度与菌丝体生长情况，通过对其纯度、长势、色泽等方面的质量鉴定，以确定是淘汰还是保留下来继续进行出菇试验。最后一定要通过出菇性能的测试，证明菌株确实得到了复壮才能用于生产，千万不可仅凭菌丝体生长的好坏就盲目地投入生产。此外，在组织分离中，要保证组织分离的试管数量在10支以上，扩大选择的范围，不可仅分离两三支试管，这样不利于优中选优。因此，选择的子实体至少要有5个，每个子实体分离两支试管，做好编号，以便于观察对比，逐渐积累经验，为以后的组织分离打下技术基础。

通过单孢杂交使白灵菇菌株得到复壮是一种种内杂交的方法，即采集、配对杂交的孢子来自同一个菌株。种内杂交在高等植物上称为自交，自交主要用来繁殖亲本，一般自交后代是没有优势的。但是在有些食用菌上为什么可以在种内杂交呢？这是由于在异宗结合的菌类中，在有性生殖的过程中通过减数分裂产生了不同遗传基因的担孢子，这样的担孢子萌发成具有不同性别的单核菌丝体后，通过重新交配就使有性基因得到重组，交配后代会产生不同的性状，因而从中可以筛选出优良的组合，使退化的菌株得到复壮，甚至可筛选出在各种性状上都超过原始菌株的强优组合。

37. 如何对老化的白灵菇菌株进行复壮？

菌种老化由于仅是暂时性的一种生理衰退现象，因此菌株的复壮比较简单，在生产上主要采取以下几种措施：

（1）选用优良菌株 选用的菌株菌丝体要有较好的耐水与保水性，能在含水量较高的基质上生长，能保持较长时间的水分，这样的菌株才有较强的生理活性，衰退慢。

（2）选用优质的培养基 要选用理化性状皆优的培养材料，在母种培养基中最好添加30～50克的麸皮，原种、栽培种最好使用持水能力较强的棉籽壳，其次是木屑，如果选用玉米芯，颗粒不能太大，平均直径在0.5厘米以下，并要加入适量的麸皮和玉米粉。

（3）创造良好的培养环境 要保证菌丝体在黑暗条件下生长，培养温度宁低勿高。即宁可比适宜的温度低一些，菌丝体生长慢一些，也不要温度太高，高温下菌丝体生长虽然快，但是脱水也快。培养环境湿度应不低于60%，如果湿度较低时，应通过喷水增加湿度，避免培养基内的水分过快蒸发。

（4）有较好的保藏条件 母种的保藏尤为重要，保藏期满后要及时转管，不要等培养基干缩后才转管。原种暂时不用时也尽量保藏在低温条件下，使用时把上边较干的菌块挖掉，取中下层菌种。如栽培种暂时不用时去掉袋两端的口圈，扎紧袋口，减少水分散失，使用时要去掉两端灰白的菌丝体和菌皮，留下中间健壮的菌丝体转接出菇袋。

38. 什么是原种？制作白灵菇原种培养基的配方有哪些？

原种又称二级种，是用母种作菌种转接在棉子壳或木屑等原种培养基上繁殖的菌种。原种培养所用的原料有麦粒、高粱粒、玉米粒、棉籽壳、木屑、玉米芯等，添加的辅料有白糖、麸皮、石膏、磷肥、石灰等。这些原料可按以下配方配制。

①麦粒培养基：麦粒99%＋石膏1%。

②玉米粒培养基：玉米粒94%＋麸皮5%＋石膏1%。

③高粱粒培养基：高粱粒95%＋麸皮4%＋石膏1%。

④棉籽壳培养基：棉籽壳85%＋麸皮13%＋石膏1%＋磷肥1%。

⑤木屑培养基：木屑81%＋麸皮16%＋石膏1%＋磷肥1%＋白糖1%。

⑥玉米芯培养基：玉米芯77%＋麸皮20%＋石膏1%＋磷肥1%＋石灰1%。

⑦棉籽壳、木屑培养基：棉籽壳50%＋木屑37%＋麸皮10%＋石膏1%＋磷肥1%＋白糖1%。

⑧棉籽壳、玉米芯培养基：棉籽壳50%＋玉米芯37%＋麸皮10%＋石膏1%＋磷肥1%＋白糖1%。

⑨棉籽壳、木屑、玉米芯培养基：棉籽壳30%＋木屑30%＋玉米芯22%＋麸皮15%＋石膏1%＋磷肥1%＋白糖1%。

上述所有配方的酸碱度（pH）均为7；含水量根据不同配方材料稍有差异，一般在60%～65%；装料容器为罐头瓶或塑料原种瓶，采用双层封口，第一层为聚丙烯膜，先在聚丙烯膜中间剪出直径约1.5厘米大小的圆洞，装料后先把它盖上，并用皮筋扎住。然后再盖上一层牛皮纸或者原种瓶盖。接种时只需把牛皮纸或原种瓶盖打开，从塑料膜的圆洞处把菌种接入，再迅速把牛皮纸或报纸盖好就行了。

39. 如何制作白灵菇原种培养基？

(1) 麦粒原种的制作 麦粒是制作原种的较好材料，由于麦粒营养丰富，颗粒大小适中，既有较好的吸水性，又有很好的透气性，因而菌丝体生长快、粗壮有力，菌丝体量也多。制作麦粒原种首先要选用干净、无霉变、籽粒饱满的麦粒，在水中浸泡5～6小时自然吸收水分，待籽粒吸水膨大后，再捞入开水中煮上15～20分钟，边煮边搅拌，上下翻动，注意火不要太大，不要把麦粒煮"开花"。当煮至麦粒不软不硬，掰开内无实心时即可，捞出空去多余的水分，加入石膏拌匀，就可装瓶。装瓶不要太满，装至瓶肩为宜，装好后把瓶擦干净，特别是瓶口的内外要擦净，然后，盖上塑料膜和牛皮纸或双层报纸进行灭菌。高压灭菌在121～126℃下保持1.5～2小时，常压灭菌需6～8小时。

(2) 玉米粒原种的制作 玉米也是制作原种的较好材料，唯一缺点是颗粒较大，装瓶后颗粒间有较大的空间，对菌丝体生长有一定的影响。因此，在制作玉米粒原种时要加入一些麸皮，可以减小颗粒间的空隙，更有利于菌丝体的生长。玉米粒原种的制作首先要选用干净、无霉变、籽粒饱满的玉米粒，在水中浸泡18～24小时，由于玉米粒表皮较硬，因此在水中浸泡的时间要长，当表皮泡软并吸收了一些水分后，捞入开水中煮25～30分钟，要边煮边搅拌，上下翻动，不要把玉米粒煮"开花"。当煮至玉米粒掰开内无白心时，捞出空去多余的水分，加入麸皮、石膏拌匀装瓶。装瓶至瓶肩，把瓶身及瓶口的内外擦净，然后，盖上塑料膜和牛皮纸或双层报纸进行灭菌。高压灭菌在121～

126 ℃下保持1.5～2小时，常压灭菌需6～8小时。

(3) 高粱粒原种的制作 制作高粱粒原种的程序与麦粒或玉米粒原种的制作方法基本一致，可参照去做。

(4) 棉籽壳原种的制作 棉籽壳是棉花的种子经脱仁、脱绒后的种皮，由于其质地松软，吸水、保水性好，营养成分较高，十分适合白灵菇菌丝体的生长，制作原种也非常方便，是使用最广的一种栽培材料。制作棉籽壳原种同样要选择无霉变、杂质少、种皮不要太碎、含绒量适中的棉籽壳，先将棉籽壳与水按1：1.6的比例拌匀，然后再按配方比例加入麸皮、石膏、磷肥，磷肥如果是颗粒状的要碾碎后再加入，充分拌匀后用塑料膜覆盖3～4小时，让材料吸足水分。装瓶前再调整含水量在60%～65%，即用手紧握指缝间有水滴下为宜。装瓶时边装边压紧，装至瓶肩即可，装好后用细木条在瓶中间扎一个约1厘米直径的圆洞，圆洞要通至瓶底。然后，把瓶身及瓶口的内外擦净，盖上塑料膜和牛皮纸或双层报纸进行灭菌。高压灭菌在121～126℃保持2～2.5小时，常压灭菌需8～10小时。

(5) 木屑原种的制作 白灵菇是一种木腐菌，因此也可以用木屑来制作原种。木屑不能用松、柏、杉等针叶树种，制作木屑原种时，先把木屑摊开暴晒2～3天，然后将木屑与水按1：1.5比例拌匀，再用塑料膜覆盖堆制2～3天，最后加入麸皮、石膏、磷肥、白糖，磷肥要碾碎后再加入。装瓶前调整含水量60%～65%，即用手紧握指缝间有水渗出为宜。装瓶时边装边压紧，装至瓶肩即可，装好后用细木条在瓶中间扎一个约1厘米直径的圆洞，圆洞要通至瓶底。然后，把瓶身及瓶口的内外擦净，盖上塑料膜和牛皮纸或双层报纸进行灭菌。灭菌方式同棉籽壳原种。

(6) 玉米芯原种的制作 玉米芯就是玉米棒脱粒后的穗轴，穗轴粉碎成0.5厘米左右大小颗粒即可用来制作原种。玉米穗轴的头部由于在田间生长期间的雨淋日晒，往往会发生霉变形成"黑头"，此外，如果贮存时间较长保存不好也易变质。在穗轴粉碎前，要尽量去掉"黑头"，选用新鲜干净的穗轴。玉米芯所含的可溶性碳水化合物较高，在配方中加入足量的麸皮即可，不需另加白糖。

制作玉米芯原种时，先把粉碎好的玉米芯浸泡在1%的石灰水中3～4小时。通过浸泡，一方面石灰水的强碱性可杀死部分霉菌，另一方面可使玉米芯的海绵状物充分吸水。捞出后再加入麸皮、石膏、磷肥拌匀，堆制1～2小时。装瓶前要调整pH为7～7.5，含水量调整在65%～68%，即用手紧握指缝间有水滴下。装瓶过程中边装边压紧，装至瓶肩即可，装完后同样要用细木条在瓶中间扎一个约1厘米直径的圆洞，圆洞通至瓶底。然后，把瓶身及瓶口的内外擦净，盖上塑料膜和牛皮纸或双层报纸进行灭菌。灭菌方式同棉籽壳原种。

40. 白灵菇原种接种时需要注意哪些问题？

灭菌后的原种瓶，当温度降至25℃以下时，先用干净的抹布蘸上0.1%的高锰酸钾溶液，把瓶体及瓶盖上沾有的泥土或杂质擦干净，然后搬入接种间，并按照消毒程序对接种间进行消毒灭菌。接种时再把母种试管拿入接种间，用75%的酒精棉球把接种钩、试管表面擦一下，然后点着酒精灯在火焰上把试管口和接种钩烤干，取指甲盖大小的一块母种转入原种瓶内。需要注意的是试管口不要离酒精灯火焰太近，否则易把试管烧裂或菌种取出时烫到菌丝体。接种钩也不能烧太热，不然也易把菌丝体烫坏或粘在接种钩上不易掉下。

接种过程最好两个人配合进行，一人开原种瓶的瓶盖，另一个人从母种试管中取菌种，两个人要配合好，开盖与取菌同时进行，打开盖的同时正好菌种也取出能及时放入瓶内。不要开盖过早等菌种，也不要过早取出菌种等开盖，尽量缩短原种瓶开盖后和菌种在空气中暴露的时间。接种过程中如菌种掉在瓶外，就不能再拣起放入瓶内，如掉在塑料膜盖上要用接种钩钩入，不能用手拨入。如发现瓶上的纸盖有破裂的，要换上灭过菌没有破裂的纸盖。一般一支试管母种可转接 5～10 瓶原种。

41. 白灵菇原种培养中需要注意哪些问题？

原种接完后要做好标记，放在培养架上或恒温箱内培养。培养室要干净卫生，在菌种放入前，就要对墙壁、床架、地面进行彻底消毒。培养初期温度可略高，以 24～26 ℃为宜，以促进菌丝体的萌发，当菌丝体开始吃料后，温度要逐渐降至21～23 ℃，有利于菌丝体的健壮生长。原种菌丝体的生长要求在黑暗条件下培养，因此要用黑布做窗帘，检查菌种生长情况时再拉开窗帘。

在原种培养过程中，要定时检查菌丝体的生长情况。

(1) 要看菌丝体是否萌发 在 24～26 ℃条件下，一般在第二天菌丝体就会萌发，第三天就可看见萌发出的白色菌丝体。如果接种 3～5 天后还看不到菌丝体萌发，可能有几方面的原因：①有可能是菌块掉进了培养基的洞内，也有可能是漏接了菌种；②接种时瓶内温度太高烫坏了菌种；③接种时试管离酒精灯太近或接种工具烧得太热烫坏菌种。不管哪种原因造成菌丝体没有萌发，都需要及时补接菌种。

(2) 要看菌丝体是否开始吃料 一般菌丝体萌发就会向下生长，沿基质向四周扩展，就好像菌丝体在"吃"料。如果菌丝体不"吃"料，菌块周围又没有污染，仅在菌块上形成絮状的菌丝体团时，说明培养基 pH 太高；如果菌丝体萌发后又出现退菌现象，即菌丝体不仅不向四周扩展，就连菌块上的菌丝体也越来越少，而菌块周围又没有污染时，说明培养基 pH 太低或者是含水量太低。

（3）要看瓶内是否有杂菌污染　如果在瓶壁上、瓶口和菌块旁出现绿色、黑色、黄色或其他不正常色泽的斑点，说明菌种已受到污染，应及时拣出，在室外把斑点挖掉埋入土中，剩下的部分需重新调整水分和 pH，再装瓶、灭菌、接种。

42. 白灵菇原种培养中发生污染的原因有哪些？

在白灵菇原种培养中发生污染时主要有以下几方面的原因：

（1）灭菌问题　培养基灭菌时间短或温度没有达到要求，高压灭菌要注意排净锅内的冷气，否则压力虽然达到了要求的范围，但由于高压锅内冷气的影响，温度却达不到标准要求。例如在正常情况下锅内的温度可以达到121℃，如果有冷气时，锅内的温度就达不到121℃。采用高压灭菌并不是靠压力灭菌，而是由于在高压下温度可以升得更高，温度达到一定高度时灭菌的效果才好。采用常压灭菌时，灭菌灶内的温度要在达到100℃以后开始计时，并保持6～8小时，停火后不要立即取出菌种瓶，再闷3～4小时效果会更好。

（2）材料问题　培养基要选用没有发霉的材料（包括辅料），如果材料中有霉变，特别是谷粒种，例如玉米粒中的霉变，杂菌被包在玉米的种皮内，起到了保护杂菌的作用，即使在高温（121℃）下也很难把它杀死，因此选用谷粒制种一定要仔细地把发霉的颗粒拣出。其他材料，如在棉籽壳中，由于脱仁不净，有些棉籽内的棉仁发霉后，同样也很难在高温下杀死杂菌。遇到这种情况，拣出发霉棉仁是非常困难的，可先把棉籽壳堆积发酵2～3天，一是让棉籽发芽顶破种皮；二是让杂菌萌发，这样杂菌在高温下就很容易被杀死。此外，如果制种时正好在夏季的高温季节，培养基的酸碱度要在装瓶前调高至7.5～8，而且装瓶后要尽快灭菌，不要放置太长时间，否则培养基会在细菌的作用下酸败发臭，pH也很快下降，不适宜菌丝体生长。

（3）菌种问题 在接种块上发生霉菌污染时，说明菌种本身带有杂菌。这种情况大部分是由于试管母种在贮藏过程中，棉塞受潮发霉产生的霉菌孢子落在了培养基上，孢子很小，肉眼看不见，但是仔细观察棉塞时，可看到有绿、黄或黑色的小点，这样的母种试管就不能再使用，也不要在室内拔出棉塞，否则棉塞上的杂菌孢子会散播在室内空气中，污染室内环境。应当把试管拿出室外，拔出棉塞烧掉，培养基掏出埋入土中，空试管及时洗净备用。

（4）接种问题 在菌种瓶的瓶壁等不同部位发现杂菌斑点时属于灭菌的问题，但是，如果污染仅发生在瓶口或接种块的附近，就是接种的问题。属于操作不当或接种间消毒不彻底，在接种的同时杂菌也进入瓶内。除了接种间要彻底消毒、两个人接种要配合熟练外，还应在接种过程中不要随意出入，也不要有闲散人员在室内来回走动，不要抽烟等。

（5）瓶盖问题 在菌种瓶灭菌后，由于高温易造成皮筋断裂，当从灭菌锅内取出菌种瓶时，不小心就会把瓶盖掉在地上，使培养基直接暴露在空气中，空气中的杂菌有可能落在瓶内产生污染。因此，灭菌后取瓶时，要先看瓶盖是否完好，纸盖有没有破裂，皮筋有没有脱落。纸盖有破裂的要换上好的，皮筋脱落的要赶快用皮筋把纸盖重新扎好。

（6）培养问题 在高温高湿的不利环境条件下，也易引起菌种的污染。因此，培养过程中如遇到突发的高温高湿天气，要加大培养室的通风换气，降低温湿度。此外，要把菌种瓶单层摆放或放在地面上，地面上再经常洒些水，但注意不要把水洒在瓶盖上，这样有利于降低瓶内温度。

43. 如何鉴别白灵菇原种的质量，鉴定标准有哪些？

白灵菇原种培养在 21～23 ℃下 20～30 天菌丝体可长满瓶。不同材料的时间不一样，以麦粒原种生长最快，20～22 天就可长满；以木屑原种生长最慢，25～30 天才能长满。从菌种质量来看，以麦粒、玉米粒及高粱粒培养的原种菌丝体生长良好，其他材料的原种，以棉籽壳培养的原种菌丝体长势最好，其次是混合料的原种，木屑和玉米芯较差。因此，在有棉籽壳的地区，用棉籽壳或混合料制作原种为好。

原种质量的鉴定指标与母种的基本一样，也是从菌丝体纯度、长势、色泽、菌龄等几方面来考察。

(1) 纯度 主要是看白灵菇菌丝体有没有污染，如果在菌种瓶的瓶壁、瓶口等不同部位发现有杂菌斑点，污染的原种不能用，要重做。

(2) 长势 看菌丝体的生长速度和粗细，菌丝体生长均匀、粗壮的是好的菌种，菌丝体生长慢且细的是差的菌种。

(3) 色泽 白灵菇菌丝体的色泽生长初期为浅白色，随着菌丝体的生长，当菌丝体全部长满瓶后，色泽呈现纯白色。

(4) 菌龄 在正常情况下，一般菌丝体长满瓶后，再培养3～4 天就可转接栽培种，不要放置时间太长使菌龄变老。但是，如果菌丝体生长很慢，远远超过了正常生长时间仍不能满瓶，则可能存在几个问题。

①培养基不适于菌丝体的生长，如培养材料装得太紧、太实，透气性差，菌丝体由于缺氧生长无力或者是没有菌丝体伸展的空间，致使菌丝体无法继续向下生长。

②培养基水分太大，水占据了空间使透气性变差，同样造成

菌丝体不能继续顺利生长。

③菌种可能出现退化，生长能力出现衰退。

44. 白灵菇原种能否保藏？怎样转接栽培种？

制作好的原种如果暂不使用时可以保藏在低温条件下，但不宜保藏太长的时间。保藏前要把纸盖取掉，换上无菌的塑料膜盖，并把塑料膜盖扎紧。这样通过减少菌种瓶内外的气体交换，一是可防止培养基水分的过快蒸发；二是能降低菌丝体的有氧呼吸，避免菌丝体过快衰老。最好将制作好的原种放在 4～6 ℃的冰箱内，可保藏 30～40 天。如没有低温条件，则可放在黑暗和温度较低的地下室、菜窖等，视温度情况，在 10 ℃左右可保藏约 30 天，在 15 ℃左右可保藏约 20 天，在 20 ℃左右可保藏约 15 天。

在使用原种转接栽培种时，要先用干净的抹布蘸上 0.1% 的高锰酸钾溶液，把瓶体及瓶盖上沾有的泥土或杂质擦干净，在无菌条件下打开瓶盖后，再用接种铲把上部表层较干的菌丝体刮掉，取用下边的菌种进行转接。此外，由于在平时的检查中不仔细、不严格或者是检查中无法看清，在打开瓶盖后，有时会发现菌种表层仍有污染点，这时应立即把瓶盖再盖上，不要去拨动污染点，否则会把杂菌孢子散布在空气中，污染接种环境。

45. 白灵菇栽培种培养基配方有哪些？

制作栽培种的目的主要是为了扩大菌丝体的数量，以满足出菇袋生产的需要，但栽培种也可以直接出菇。因此，在生产上有足够的原种可供使用时，原种就可以直接接种出菇袋，省去制作栽培种这一环节。而在大部分情况下由于原种有限，还是需要通过制作栽培种，当制作的栽培种较多，转接出菇袋有剩余时，那么剩下的栽培种也可进行出菇。

制作栽培种所用的材料主要是棉籽壳、木屑、玉米芯等，也可以用小麦、玉米、高粱等谷粒来制作栽培种，但由于栽培种用量较大，出于制作成本等其他方面的考虑，实际用谷粒来制作栽培种的较少。

用棉籽壳、木屑、玉米芯制作栽培种，也需要添加麸皮、石膏、磷肥、石灰等辅料，不需要添加白糖，但可添加适量的玉米粉，有利于菌丝体生长。栽培种所用容器为聚丙烯菌种袋，或者是用聚乙烯袋。一个17厘米×33厘米的菌种袋可以装干料0.5千克左右，它的容量相当于4~5个罐头瓶的容量。罐头瓶、菌种瓶等由于容量较小，且费工费力，制作成本高，一般不用。栽培种培养基的含水量在60%~65%，pH要求在装袋前为7~7.5。以下是几种材料的具体配方：

（1）棉籽壳84%＋麸皮13%＋石膏1%＋过磷酸钙1%＋石灰1%。

（2）木屑60%＋麸皮32%＋玉米粉5%＋石膏1%＋过磷酸钙1%＋石灰1%。

（3）玉米芯80%＋麸皮10%＋玉米粉6%＋石膏1%＋过磷酸钙1%＋石灰2%。

（4）棉籽壳45%＋木屑25%＋麸皮25%＋玉米粉2%＋石膏1%＋过磷酸钙1%＋石灰1%。

（5）棉籽壳50%＋玉米芯30%＋麸皮10%＋玉米粉5%＋豆粉2%＋石膏1%＋过磷酸钙1%＋石灰1%。

（6）棉籽壳30%＋木屑30%＋玉米芯25%＋麸皮10%＋玉米粉2%＋石膏1%＋过磷酸钙1%＋石灰1%。

46. 白灵菇栽培种培养料如何配制？

(1) 棉籽壳栽培种的制作 制作棉籽壳栽培种同样要选择无霉变、杂质少、种皮不要太碎、含绒量适中的棉籽壳，石灰一般是配制成石灰水后滤掉废渣，分几次加入，用来不断地补充水分或调整 pH，先按 50 千克水加入 0.5 千克石灰的比例，配制成 1% 的石灰水，再按料水 1∶1.5 的比例，将棉籽壳与 1% 的石灰水拌匀，然后把麸皮、石膏与过磷酸钙均匀地撒在料堆上，再充分拌匀后建堆发酵。首先把培养料堆积成圆堆状，用 3～5 厘米的木棒在料堆顶部和四周向下打孔，孔洞要通至料堆的底部，这样做的目的是使料堆内的气体能够交换，使上下发酵均匀。在料堆上插入温度计，然后用草帘或麻袋把料堆完全覆盖，这样即可让培养料进行自然发酵。料堆内的温度与气温有很大的关系。在夏季高温天气，一般在建堆的当天 2～3 个小时后，料温就开始上升。发酵的第二天，扒开料的表层可看到有一层培养料变为灰白色，这是在高温放线菌的作用下产生的现象。如果把料堆以横切面刨开，可以看到料堆基本上分为 3 层，即底层、中间层和表层，中间层就是培养料变为灰白色的这一层。这时中间层的温度最高，表层次之，底层的温度最低。当料堆的中间层温度达到 55～60 ℃后，这时应把草帘或麻袋掀掉，把料堆翻一次。翻堆时要注意，先把料堆的表层扒下来放在一边，等把中间层即灰白色层扒下来铺在新建料堆的底部后，再把表层料铺在灰白层的上边，最后把剩下的底层料翻上去，翻堆时如发现料有点干，应边翻料边撒石灰水，既补充水分也防止在酸性条件下发酵。建堆后再用木棒向下捅几个圆洞，覆盖草帘继续发酵。以后每天翻 1 次，需翻 2～3 次。当培养料呈棕褐色，腐熟均匀，颜色一致，质地松软，富有弹性，有浓香酒糟味，料内有一定量的放线菌时，说明料已发酵成功，即可散堆降温，加入其他辅料，含水量调节至 60%～65%，pH 7～7.5，拌匀后装袋。高压灭菌在 121～126℃保持 3.5～4 小时，常压灭菌要在锅内温度达到 100℃后继续保持 24 小时。

（2）木屑栽培种的制作　用木屑制作栽培种，一定要选择阔叶树种，木材加工厂的木屑较细，装袋后的透气性差，因此最好与棉籽壳或玉米芯混合使用。如果单用木屑来制作栽培种，要用木材粉碎机加工的木屑，它的颗粒度大小适宜，透气性好。

制作木屑栽培种时，先把木屑摊开暴晒 2～3 天，然后按木屑与石灰水 1∶1.5 的比例，用 1% 的石灰水把木屑拌匀，再加入麸皮、玉米粉、石膏、磷肥充分拌匀后建堆发酵。发酵的方法及装袋灭菌等与棉籽壳培养料基本相同，可参照去做。

（3）玉米芯栽培种的制作　制作玉米芯栽培种时，先把粉碎好的玉米芯与 1% 的石灰水拌匀，再加入麸皮、玉米粉、石膏、磷肥搅拌均匀，建堆发酵。发酵的方法及装袋灭菌等与棉籽壳培养料基本相同，可参照去做。

（4）混合料栽培种的制作　制作混合料栽培种，应先将 2 种或 3 种材料混合，然后用 1% 的石灰水搅拌，再加入麸皮、玉米粉、石膏、磷肥拌匀，建堆发酵。发酵的方法及装袋灭菌等与棉籽壳培养料基本相同，可参照去做。

47. 白灵菇栽培种接种与培养过程中需要注意哪些问题？

白灵菇栽培种的接种要求与母种、原种的接种要求一致，都要在无菌环境条件下进行，但是由于一般栽培种的制作量较大，在接种间不便操作时，可另选择一个宽大的房间进行接种。首先把房间打扫干净，再用 3% 的石灰水对房间的各个角落包括顶棚和地面，进行全面喷洒，窗户封严实，不要走风漏气，然后把灭菌后的栽培种菌袋搬入，摆放成"井"字形，再对房间进行彻底消毒。消毒时，先用甲醛与高锰酸钾熏蒸，如果是当天接种，密闭房间 2～3 小时后，要打开门窗适当进行通风换气，使甲醛气体逸出，以减小甲醛对人体的刺激，然后关闭门窗，再用 40％三乙膦酸铝可湿性粉剂 300～400 倍液在房间内喷雾，使室内空气中的杂菌或尘埃吸附在雾珠上下落，即可准备接种。如果是第二天接种，不需要再打开门窗通风换气，但同样要用 1％的三乙膦酸铝水剂在房间内喷雾后再准备接种。

消毒完毕半小时后，把原种瓶拿进房间，先用干净的抹布蘸上 0.1％的高锰酸钾或者是 40％三乙膦酸铝可湿性粉剂 300～400 倍液把瓶体及瓶盖擦洗干净，然后用 75％的酒精棉球把手擦洗干净，点着酒精灯在火焰上方揭掉瓶盖，再用镊子夹上酒精棉球把瓶口内外擦洗一遍，同时在酒精灯火焰上烤干瓶口与镊子，即可开始接种。接种时应两个人配合进行，一个人开袋，另一个人从原种瓶往袋里拨取菌种，两个人配合，开袋与取菌同时进行，打开袋口的同时正好菌种也取出能及时拨入袋内。不要开袋过早等菌种，也不要过早取出菌种等开袋，尽量缩短开袋后和菌种在空气中的暴露时间。接种过程中如菌种掉在袋外地上，不能再拣起放入袋内。这样反复进行，接完一瓶再接另一瓶，一般一瓶原种可接栽培种 10～12 袋。如果栽培种用的是聚乙烯袋，可以两头接种，那么一瓶原种可接 5～6 袋。

栽培种全部接完后，即可搬入培养室培养。培养室应在接种前进行彻底灭菌，把菌袋摆在培养架上培养即可。培养初期温度可略高一点，以 23～25 ℃为宜，以促进菌丝体萌发，当菌丝体开始吃料后，温度要逐渐降至 18～22 ℃，有利于菌丝体健壮生长。栽培种菌丝体要求在黑暗条件下培养，因此要用黑布作窗帘。

菌袋摆放时不同层间的温度差异对菌丝体生长有不同的影

响，一般摆在最底层的菌袋，由于温度较低会出现生长缓慢，而摆在其上面的菌袋，温度较高生长也快，为了使各层菌袋间的生长速度能够一致，可通过翻垛和倒袋的措施，即每隔几天要把菌袋重新摆放，把原来中间层温度高的摆在低层，再把低层的摆到上边来。

48. 白灵菇栽培种污染的原因有哪些？

在栽培种培养过程中，要定时检查菌丝体的生长情况。一是要看菌丝体是否萌发。在 23～25 ℃条件下，一般在第二天菌丝体就会萌发，第三天就可看见萌发出的白色菌丝体，如果看不到菌丝体萌发，可能是漏接了菌种，要及时补接菌种。二是要看菌丝体是否吃料。菌丝体萌发后应首先在袋口向四周扩展，接着向袋内生长，如果菌丝体不吃料，也没有污染，仅在菌块上形成絮状的菌丝体团时，说明培养基 pH 太高或含水量太大；如果菌丝体萌发后又出现退菌现象，即菌丝体不仅不向四周扩展，就连菌块上的菌丝体也越来越少，而菌块周围又没有污染时，说明培养基 pH 太低或者是透气性差造成的。三是要看袋内是否有杂菌污染。如果在菌袋壁上、袋口或菌种旁出现绿色、黑色、黄色或其他不正常色泽的斑点，说明培养料已受到污染，应及时拣出。

栽培种发生污染的原因主要有以下几点：

(1) 发酵问题 白灵菇栽培料采取的是短期发酵法，既要使材料中存在的杂菌孢子萌发，又不能使材料过分腐熟，除了严格要求发酵时间不能过长外，还要注意以下几个方面：一是材料的含水量要适宜，在培养料配制时首先要按料水比为 1：(1.5～1.6) 的比例加入石灰水，然后根据水分的流失情况再适当进行补充。如果含水量太低，一些棉籽壳或玉米芯还是干的，那么存在其上的杂菌孢子就不会萌发，接下来的灭菌就不易将栽培袋中的杂菌杀灭。如果含水量太高,培养料会进行厌氧性发酵,厌氧菌的大量繁殖会抑制杂菌孢子的萌发,同时使培养料发黏并且产生一股酸臭味。二是酸碱度要保持在中性至微碱性,即 pH 在 7～8。由于在发酵过程中各种微生物的生理代谢活动,不断地产生有机酸,使 pH 逐渐下降,因此,在配料时和翻堆中都要用石灰水或干石灰调整 pH,在装袋前更要把 pH 调整好。三是翻堆要充分,翻堆时一定要注意把料堆边有结块的培养料打碎,先放在一边,翻堆过程中再把它埋到料堆的中间层里。因为结块的培养料在存放时肯定受潮或雨水淋过,结块内的杂菌很多,掰开结块就可看到霉斑,如不打碎,水分在短时间内就很难进去,当把结块装入袋后,再经过一段时间杂菌才会萌发,结果在袋内生长造成污染。

(2) 灭菌问题 培养料装袋后要尽快灭菌,不要放置太长时间,否则培养料会在细菌的作用下酸败发臭,在灭菌时会有一股很难闻的味道,pH 也会很快下降,不适宜菌丝体生长。灭菌时要保证温度达到要求和维持足够的时间,高压灭菌要注意排净锅内的冷气,否则压力虽然达到了要求的范围,但由于锅内冷气的影响温度却达不到要求。采用常压灭菌时,灭菌灶内的温度要在达到 100 ℃以后开始计时,并维持 8 小时以上,停火后再闷 3～4 小时。此外,需注意在装锅时,菌袋不要装得太实,锅内不要装得太满,要留有一定的空间,使蒸汽能够流通,保证菌袋均匀受热,灭菌的效果才会更好。

(3) 菌种问题 如果在接种块上发现杂菌污染时,说明菌种本身带有杂菌,这种情况大部分是由于原种在培养或贮藏过程中,已经被杂菌污染。这就要求在接种时,首先要对原种进行仔细的检查,如发现有污染要坚决不用。但是,有时在打开瓶盖后,仍然会发现原种瓶的表层或者是里边仍有污染点,这样的菌种即使只有很小的一个霉点,也最好暂不使用。应赶快把瓶盖盖上,不要去拨动污染点,否则会把杂菌孢子沾在接种工具上,或是散布在空气中，污染接种环境。在把所有的原种用完后，如果还有部分栽培种袋没有接上菌种，而又没有其他原种可用时，可把污染的菌种拿到室外，先用石灰泥把霉点盖住，然后扩大范围、深挖下去一下把石灰泥和霉点掏出，再把0.5～1厘米的表层菌种刮掉，同时换上无菌的瓶盖拿回室内，再继续按无菌操作的要求进行接种。

(4) 接种问题 在栽培种袋上如发现不同部位有杂菌斑点时，考虑可能是培养料或是灭菌的问题。但如果污染仅发生在袋口或结种块的附近，就有可能是接种的问题，可能是操作不当或接种间消毒不彻底，在接种的同时杂菌也进入袋内。应注意：除了接种间要彻底消毒、两个人接种要配合熟练快捷外，还应在接种过程中不要随意出入，也不要有非工作人员在室内来回走动。

(5) 菌袋问题 菌袋上有裂口或者有不易察觉的针眼大的破洞，有的属于质量问题，有的是人为所致。菌袋有聚丙烯和聚乙烯两种，聚丙烯的硬度和抗拉力都较好，但是在低温下较脆易破裂，有时在折缝上易出现裂口或是针眼。聚乙烯比聚丙烯的硬度和抗拉力都较差，但是不怕低温，除了易在折缝上出现裂口或是针眼外，在装袋中由于用力不均，使菌袋的局部变薄，甚至出现裂口；或者是材料中有碎砖块、玻璃碴等硬杂物、玉米芯的颗粒太大等，都易刺破菌袋产生针眼。在装锅、出锅的搬运中，如搬运工具破损不平整，极易划伤菌袋；搬袋时手指甲太长也易扎破菌袋；摆放菌袋时，地面不干净，有易刺破菌袋的石块等。此外，虫害和鼠害也是菌袋破损的一个重要原因，虫害主要在夏季发生，鼠害则主要在冬季为害较重。

菌袋上的裂口较小时，可用石灰泥糊住或用胶带粘住；裂口较大时，要再套上一个袋。菌袋上有针眼时，有的针眼较大能够看见，也可用石灰泥糊住或用胶带粘住；但有的针眼很小，根本就看不见，这就很难办了，如发现菌种污染后，这样的菌种只好不用。

在灭菌后，当从灭菌锅内取出菌袋时，不小心会把口圈掉在地上，使培养基直接暴露在空气中，空气中的杂菌就有可能落在袋内产生污染。因此，灭菌后取袋时，要先看口圈是否脱落，如口圈已松，要先把口圈固定好，再往外取袋。

（6）培养问题　一般菌丝体生长的最高温度不能超过 28 ℃，温度太高将抑制菌丝体的生长，同时也易引起菌种污染。因此，在栽培种的培养过程中，除了正常的翻垛和倒袋外，应经常检查菌袋的温度。检查的方法是在垛的上层温度最高的上下菌袋间夹放一支温度计，如温度升高接近 28 ℃时，就要及时翻垛。特别是遇到突发的高温高湿天气时，更要加大培养室的通风换气，最好把菌种袋单层摆放在地面上，加大菌袋的散热面，降低袋内温度。

49. 白灵菇栽培种质量有哪些鉴定标准？

栽培种的质量指标除了主要从菌种纯度、菌丝体长势、菌丝体色泽、菌龄等几方面来鉴定外，还必须结合是否有虫害及菌袋的破损情况进行综合评价。

（1）纯度　主要看是否污染及污染的程度。若菌袋全部或大部分污染时，肯定不能用，要及时搬到室外深埋处理。若菌袋一头污染，而另一头菌丝体很好时，也最好不用，但如果栽培种不够时，可把污染的部分切掉，留下好的部分使用。

（2）长势　主要看菌丝体的生长速度和粗细，凡是菌丝体生长均匀、粗壮的为好菌种，菌丝体生长慢且稀疏的为差菌种。

（3）色泽　菌丝体生长初期为白色，随着菌丝体生长，当菌丝体全部长满袋时菌袋呈纯白色。

（4）菌龄　在正常情况下，一般菌丝体长满袋后，再培养 3～4 天就可转接栽培种，不要放置时间太长使菌龄变老。但是，如果菌丝体生长很慢，远远超过了正常生长时间仍不能满袋，则可能存在几个问题：一是 pH 不适，pH 太高或太低都将延缓菌丝体的生长。二是培养基不适合菌丝体的生长，如培养料装得太紧、太实，透气性差，菌丝体由于缺氧生长无力或者是没有菌丝体伸展的空间，致使菌丝体无法继续生长。三是培养基水分太大，水占据了空间使透气性变差，同样造成菌丝体不能继续顺利生长。四是菌种可能出现退化，生长能力出现衰退。不论哪一种情况，若菌龄过大时，都不宜再作为栽培种使用，但可用于直接出菇。

(5) 虫害 有些害虫可以咬破菌袋，或者是菌袋破裂时进入袋内，在培养料上产卵繁殖，如线虫，或菇蚊、菇蝇类的幼虫等咬食菌丝体，使菌丝体越来越少，即出现所谓的退菌现象。线虫在一年四季都可发生，菇蚊与菇蝇多在夏秋季节发生，初发时主要在废菌袋或其他腐烂变质的材料上发生，故又称"腐烂虫"，其特点是繁殖快、繁殖量大，在短时间内可以大量滋生。以后转至健康菌袋，其幼虫尤其喜食菌丝体，对生产危害很大。因此，发现害虫时应立即采取措施，把受害的菌袋搬出培养室，同时对附近的虫源进行灭杀，培养室内虫害不重时可采用灯光诱杀。

(6) 菌袋破损率 在实际生产中，有时也会出现这样的情况，菌袋虽然有破损，例如老鼠咬破了菌袋，但袋内既没有污染，菌丝体生长也很健壮。有时是在袋内菌丝体快要长满或已经长满，菌袋出现了破损。只要在发现菌袋破损后能够及时地用胶带或石灰泥糊住，基本不会影响菌种的质量。如果菌袋破损了较长时间，菌丝体一直暴露在空气中，菌种的质量就有问题。一是空气中的杂菌孢子有可能进入袋内黏附在培养料上，虽然当时看不到污染迹象，但是在转接出菇袋后，杂菌的孢子就会萌发造成污染。二是培养基脱水会使菌丝体出现老化现象，转接出菇袋后的菌丝体萌发与生长能力明显下降。

栽培种菌丝体长满袋后暂不使用时，可进行短期保藏。保藏前先把口圈取掉，再把塑料膜扎紧。这样可减少菌袋内外的气体交换，既可防止培养料水分的蒸发，又能降低菌丝体的有氧呼吸，减缓菌丝体的衰老。放在黑暗和温度较低的地下室、菜窖等，可保藏20天左右。

使用栽培种转接出菇袋时，要先用干净的抹布蘸上0.1%的高锰酸钾或者是40%三乙膦酸铝可湿性粉剂400倍液，把菌袋上沾有的泥土或杂质擦洗干净，打开袋口后，再用接种铲把上部表层较干的菌丝体刮掉，取用下边的菌种进行转接。如果打开纸盖后，发现菌种表层有污染时，先用石灰泥把霉点全部盖住，然后用刀切下去，切时可靠后多切一点，留下未污染的还可接种用。

50. 白灵菇液体菌种有哪些优势？怎样制作和使用液体菌种？

液体菌种是指在发酵罐内由液体培养基培养而成的菌种，它与上述介绍的白灵菇母种、原种、栽培种不同之处是白灵菇的菌丝体都是在固体基质上进行生长的。

(1) 液体菌种与传统固体菌种相比具有5个优势 液体菌种制备采用的是工业发酵的技术工艺，即一种在发酵罐内培养白灵菇菌丝体的方法。与目前生产上使用的固体菌种相比，液体菌种具有培养菌种时间短，菌龄短，适合工厂化、标准化生产的优点。液体菌种接种到菌棒内后菌丝生长整齐一致，出菇期集中，主要有以下优势：一是菌种更纯。传统的固体菌种生产要通过母种—原种—栽培种三级扩繁的过程。尤其在生产上大量制种时需要通过频繁地扩接转代，才能满足需要。在扩接转代过程中不仅易造成菌种的污染，而且菌种的菌丝活力也不断降低。而液体菌种的菌丝体，在发酵生产过程中菌丝体完全在密闭的无菌环境条件下生长，使菌性更纯，纯度更高，活力更强。二是周期更短。

传统的固体菌种生产制种周期需要 80～90 天，而液体菌种从发酵培养到接入菌袋后菌丝长满菌袋只需 30 天左右。三是产量更高。采用液体菌种接种的出菇菌袋菌丝生长整齐一致，长满菌袋的周期差异不大，因而出菇期集中，产量比固体菌种增产幅度在 10％以上。四是品质更好。液体菌种菌丝生长势强，污染率少，病害轻，基本不使用农药。五是成本更低。固体菌种生产需重复备料、拌料、装瓶（袋）、灭菌、接种、养菌；而液体菌种整个生产过程都是在一个罐体内完成，用按键操作，既成倍降低了生产、管理费用，又节省人工。传统的菌种生产成本按接种 1 万袋测算需要 1 500 元，而液体菌种接种 1 万袋成本只有 500 元左右（据 2011、2012 年山西省广灵县资料核算）。液体菌种的缺点是前期固定资产投资大，制种技术要求高，生产过程中耗电相对较多，不易运输和保存。

（2）液体菌种的制种步骤与需要的主要设备 液体菌种的制种也需要采取逐级扩大繁育的步骤，其工艺流程一般分为摇瓶种子培养—种子罐培养—发酵罐培养的三级扩繁方式。摇瓶种子培养一般采用 1 000 毫升的三角瓶为液体培养基容器，在摇床上进行液体菌种的培养。种子罐培养是对摇瓶种子进行扩大培养的小型发酵罐，容量一般在 50 升左右。通过种子罐培养的液体菌种主要是供给大型发酵罐进一步扩繁液体菌种，也可以直接接种栽培种或出菇菌棒。发酵罐是一种大规模的深层培养方式，也是深层发酵过程中最基本的、最主要的设备，发酵罐的容量一般在 300～500 升，根据生产规模的大小，发酵罐的容量可达到 800 升或 1 000 升以上。

（3）液体菌种培养基配方

试管培养基配方：马铃薯 200 克（洗净、去皮、切片后水煮过滤取其汁液）、玉米粉 30 克、葡萄糖 20 克、蛋白胨 3 克、硫酸镁 1 克、磷酸二氢钾 1 克、琼脂 20 克、水 1 000 毫升，pH 为 7。

摇瓶培养液配方：葡萄糖20克、蛋白胨3克、硫酸镁1克、磷酸二氢钾1克、水1 000毫升，pH为7。

种子罐与发酵罐培养液配方：豆饼粉2.0%、玉米粉1.0%、葡萄糖2.0%、蛋白胨0.5%、磷酸二氢钾0.1%、硫酸镁0.05%、碳酸钙0.1%，水按照定量加入，pH为7。

(4) 发酵罐培养生产液体菌种的工艺流程 清洗检查罐体→预灭菌→配制培养液→培养液倒入发酵罐→加盖封口→灭菌→冷却→倒入菌种→培养→观察、检测→接种菌棒。

培养生产液体菌种的具体操作流程如下。

清洗与检查：发酵罐在每次使用前、后都必须进行彻底清洗，除去发酵罐内壁的菌球、料液及其他附着物。洗罐水从罐底阀门排出。如有大的菌料（块）不能排出，可卸下进气管的喷嘴排出菌料（块）。清洗标准要求发酵罐内壁无悬吊物，无残留菌球，排放的水清澈无污物。罐清洗完毕后再加水，加水量以超过加热管到达水位刻度线为宜。然后启动设备，检查控制柜、加热管工作是否正常，各阀门有无渗漏，检查合格方能开始工作。

预灭菌：一般正常情况下不需要预灭菌，在上一批次生产完后只需将发酵罐清洗干净就可进行下一批次液体菌种的生产。如果有下列情况必须提前灭菌：一是新发酵罐第一次使用时需要煮罐灭菌；二是上一次制作液体菌种感染杂菌污染时要煮罐灭菌；三是更换品种时发酵罐应煮罐灭菌；四是长时间不使用，再次使用时发酵罐应煮罐灭菌。

煮罐：煮罐是对罐内进行杂菌灭菌的一个过程，具体操作方法如下。关闭罐底部的阀门（接种阀和进气阀），从进料口加水至观察镜中间部位，盖上进料盖，关闭排气口。开启电源，按控制柜灭菌键，当温度达到100℃时排放冷空气，灭菌40分钟。当控制柜显示屏上显示温度为123℃时，控制柜自动计时，显示屏上交叉显示温度和计时时间。当时间达40分钟后，关闭灭菌键等待 20 分钟后，打开排气阀、接种口、进气口，把罐内的水放掉，灭菌结束。在灭菌的同时可将滤芯和接种枪放入一起灭菌。

装料：关闭下端阀门（进气阀和接种阀），将漏斗插入进料口，将配置好的培养液由进料口倒入发酵罐中，加消泡剂 10～12 毫升，装料量为罐体总容积的 60％～85％，拧紧进料口盖。

灭菌：培养基灭菌关闭所有阀门，启动电源，按控制柜灭菌键进行灭菌。控制柜显示屏显示温度 100 ℃时排放冷气，微微打开排气阀直至灭菌结束。在灭菌前期显示温度 100 ℃前，打开通气阀门使未过滤的空气直接进入搅拌培养料液，以免发酵罐底部料液因沉淀黏度增大而黏附于加热棒上变糊。灭菌计时开始后分别在 0、17、30 分钟时排放，既可排出阀门口生料，又能对阀门管路进行冲洗。微开进气口和接种口阀门，有少量气、料排出即可，每次排放 3 分钟，每次排出料液 1 升。灭菌时要安装提前灭好菌的空气过滤器，打开气泵使压缩机吹干滤芯。

冷却：培养液冷却，是把培养液温度由 123 ℃降至 25 ℃的过程。可采用两种冷却方法：一是通过冷却水，利用循环冷却水进行冷却降温。二是接管通气，使培养液在气体的搅拌下迅速降温，并一直通气供氧直至培养结束。

接种：当发酵罐内温度达到接种温度时使用摇瓶菌种、固体菌种或种子罐菌种进行接种。接种前首先要制备好火圈（棉花缠紧呈圆形，外用纱布裹住，蘸取酒精），打火机，75％、95％工业酒精，耐热、耐火手套。用 75％酒精清洗接种口，操作人员的双手也需要使用酒精棉消毒并晾干。打开排气阀，罐压接近 0 时关闭。利用火焰保护进行接种，把火圈套在进料口点燃。快速打开进料口盖，从火焰的中部迅速接入菌种，迅速把进料口用火焰烧后盖好，拧紧，熄灭火焰移走火圈接种完毕。然后，调节相应阀门保持工艺要求的通气量进行培养。

发酵培养：启动设备控制柜进入培养状态，微开排气阀使罐压至 0.02～0.04 兆帕，培养温度 24～26 ℃和空气流量 1.2 米³/时以上进行培养。一般连续培养 5～6 天后，液体菌种即可转接到菌棒中。

接种菌棒：液体菌种接种菌棒后菌丝体的成活率非常重要，如果成活率很低，则可能导致菌棒生产失败。液体菌种接种菌棒时应注意以下几点。

①液体菌种活力最强时接种。当液体菌种菌球长至 1 毫米，培养液内菌球密度达到最大时，菌丝活力最强，此时为接种最佳时机，接种过早菌球浓度过低，接种过晚菌球活性下降，都会影响接种后菌丝的定植和萌发。

②接种量要适量。17 厘米×33 厘米的菌棒，液体菌种一般每棒应接入 15～20 毫升。接种量过少，菌丝萌发慢，封住料面时间长，易感染杂菌且菌球易干涸导致不萌发、不吃料；接种量过大，培养基表面堆积大量菌球，浸入大量营养液，致使透气性降低，也易感染杂菌。

③接种面要分布均匀。接种枪在接种时要对着接种面转动，以使菌球均匀散落于料面，否则造成菌球堆积部位和没有菌球的部位生长不均匀。

④栽培料含水量要适宜。白灵菇栽培的培养料，因接入液体菌种浸润到培养料中，会提高培养料的含水量，制作栽培袋时，培养料含水量过高，接种后浸入液体菌种，就使培养料因含水量过高而不透气抑制菌球萌发和生长。

⑤培养料要具有良好的透气性。液体菌种接种白灵菇栽培袋，菌丝生长快可缩短发菌时间。但菌棒内的培养料透气性很重要，培养原料不能过细，装袋不能过紧，否则，会降低培养料的透气性，影响菌丝生长速度。

⑥菌棒培养温度要适宜。接种后 5 天内，培养室温度控制在 25～28 ℃，有利于液体菌种的快速定植和萌发。发菌室温度不可过低，不能低于 20 ℃，否则菌球迟迟不萌发，过几天即使温

度再上升，菌球已干涸，影响再萌发，从而感染杂菌，杂菌在料面或借培养液的营养快速生长而造成污染。

51. 白灵菇栽培需要准备哪些原材料？

白灵菇栽培需要的原材料包括以下主料与辅料。

（1）主料　主料是指以粗纤维为主要成分，能为白灵菇菌丝体生长提供碳素营养和能量，且在培养料中所占数量较大的营养物质。主要原料有木屑、棉籽壳、玉米芯、玉米秸秆、甘蔗渣、稻草等。这些材料中不能使用混杂了有害物质或农药残留超标与发霉变质的材料。

（2）辅料　辅料是指能补充培养料中的氮源、无机盐生长因子等，且在培养料中使用量较少的材料，主要补充主料中营养成分的不足，调节碳氮比，促进培养料中微生物的活动和繁殖。辅料主要有两类，一类是天然有机物质，如麸皮、玉米粉、豆粉、米糠、饼粉等，该类物质主要是补充主料中的有机态氮及其他营养成分；另一类是化学物质，有的以补充营养为主，如尿素、过磷酸钙等，有的则以改善培养料的理化状态和调节培养料中的酸碱度为主，如石膏、石灰。

52. 白灵菇培养料的适宜碳氮比是多少？

白灵菇生长不仅需要充足的碳源和氮源，而且在吸收营养时对碳和氮的利用是按照一定比例吸收利用的，因此，配制培养基时要求碳元素与氮元素的量有合适的比例。培养料内所含的碳氮比是否适宜，是衡量培养料质量好坏的重要指标，直接影响白灵菇的生长发育。白灵菇在不同碳氮比培养基上生长表现明显不同，菌丝体生长阶段培养基的碳氮比在（10：1）～（100：1）范围内均可生长，适宜的碳氮比为（20：1）～（40：1），最适碳氮比为 25：1。如果氮源不足，就会明显影响白灵菇的质量和产量；若氮源过多会造成菌丝体徒长，直接影响子实体的生长。

表 1 中是白灵菇常用主料与辅料的碳氮比，配制白灵菇栽培料，必须通过加入适量含氮的辅料，把栽培料配方中碳氮比调节至适宜的比例才能够获得较高的产量。计算配方中不同材料的加入量方法如下。

表 1　白灵菇栽培料中常用主料与辅料的碳氮比

	栽培材料	含碳量/%	含氮量/%	碳氮比（C/N）
主料	木屑	49.18	0.10	491.8：1
	栎木屑	50.41	0.10	504.1：1
	稻草	45.39	0.63	72.0：1
	棉籽壳	56.00	2.03	27.6：1
	玉米秸秆	50.3	0.67	75.1：1
	大豆秸秆	49.80	0.78	63.8：1
	玉米芯	48.40	0.93	52.0：1
	谷壳	41.64	0.64	65.1：1
	小麦秸秆	47.03	0.48	98.0：1
辅料	豆粉	45.4	4.54	10.0：1
	麸皮	44.7	2.22	20.1：1
	玉米粉	46.7	2.3	20.3：1
	豆饼粉	47.46	7.00	6.78：1
	花生饼粉	49.04	6.32	7.76：1

例 1：选用棉籽壳培养基，即棉籽壳＋麸皮＋石膏＋过磷酸钙＋石灰。

设棉籽壳为 100 千克，求碳氮比调整在 25：1 时，需要加入多少千克的麸皮？

表1中，棉籽壳的含碳量为56%，含氮量为2.03%，实际碳氮比为27.6:1。麸皮的含碳量为44.7%，含氮量为2.22%，实际碳氮比为20.1:1。

栽培料碳氮比调整为25:1时，设所需含氮率为A，则

$$A=56\%\div25=2.24\%$$

实际应补充的氮素量为

$$100千克\times(2.24\%-2.03\%)=0.21千克$$

需要添加的麸皮量为

$$0.21千克\div2.22\%=9.459千克$$

即在100千克棉籽壳干料中应加的麸皮量为9.459千克。

例2：选用玉米芯培养基，即玉米芯＋麸皮＋玉米粉＋石膏＋过磷酸钙＋石灰。

设玉米芯为100千克，求碳氮比调整在30:1时，需要加入多少千克的玉米粉？

表1中，玉米芯的含碳量为48.4%，含氮量为0.93%，实际碳氮比为52:1。麸皮的含碳量为44.7%，含氮量为2.22%，实际碳氮比为20.1:1。玉米粉的含碳量为46.7%，含氮量为2.3%，实际碳氮比为20.3:1。

栽培料碳氮比调整为30:1时，设所需含氮率为A，则

$$A=48.4\%\div30=1.61\%$$

即栽培料中的含氮率应达到1.61%，而麸皮的含氮量为2.22%，因此应补充的氮素量为：

实际应补充的氮素量为

$$100千克\times(1.61\%-0.93\%)=0.68千克$$

如果配方中按全部加入麸皮，需要添加的量为

$$0.68千克\div2.22\%=30.63千克$$

如果配方中按全部加入玉米粉，需要添加的量为

$$0.68千克\div2.3\%=29.57千克$$

在该配方中，麸皮和玉米粉如果选择都加入，即在100千克

玉米芯料中加 15.315 千克麸皮，14.785 千克玉米粉。也可以根据原材料准备的情况以及节约成本的原则，表1中麸皮与玉米粉的含氮量相差不大，因此可以利用一部分麸皮代替玉米粉，即在100 千克玉米芯料中多加入 50% 的麸皮，可以加 22.97 千克麸皮，7.4 千克的玉米粉。

例3： 选用木屑培养基，即木屑＋麸皮＋玉米粉＋石膏＋过磷酸钙＋石灰。

设木屑为 100 千克，求碳氮比调整在 30∶1 时，需要加入多少千克的麸皮、玉米粉？

表1中，木屑的含碳量为 49.18%，含氮量为 0.1%，实际碳氮比为 491.8∶1。麸皮的含碳量为 44.7%，含氮量为 2.22%，实际碳氮比为 20.1∶1。玉米粉的含碳量为 46.7%，含氮量为 2.3%，实际碳氮比为 20.3∶1。

栽培料碳氮比调整为 30∶1 时，设所需含氮率为 A，则

$$A=49.18\%\div30=1.64\%$$

即栽培料中的含氮率应达到 1.64%，而木屑的含氮量为 0.1%，因此应补充的氮素量为：

实际应补充的氮素量为

$$100 \text{ 千克}\times(1.64\%-0.1\%)=1.54 \text{ 千克}$$

如果配方中按全部加入麸皮，需要添加的量为

$$1.54 \text{ 千克}\div2.22\%=69.37 \text{ 千克}$$

如果配方中按全部加入玉米粉，需要添加的量为

$$1.54 \text{ 千克}\div2.3\%=66.96 \text{ 千克}$$

可以根据原材料准备的情况以及节约成本的原则，因为麸皮与玉米粉的含氮量相差不大，因此可以利用一部分麸皮代替玉米粉。

例4： 在实际生产中，有时会遇到栽培料配方中多种材料混合的问题，例如选用木屑、棉籽壳、麸皮、玉米粉。其碳氮加入量调整如下。

设木屑和棉籽壳各为 100 千克，求碳氮比调整在 25∶1 时，需要各加入多少千克麸皮和玉米粉。

第一步，先求出木屑需加入麸皮与玉米粉的量。

表1中，木屑的含碳量为 49.18％，含氮量为 0.1％，实际碳氮比为 491.8∶1。

碳氮比调整为 25∶1 时，设所需含氮率为 A，则

A＝49.18％÷25＝1.97％

应补氮素量为

100 千克×(1.97％−0.1％)＝1.87 千克

表1中，麸皮的含氮量为 2.22％，玉米粉的含氮量为 2.3％，如果把应补充的氮素量（1.87 千克）平均分配，0.935 千克的氮素来自麸皮，0.935 千克的氮素来自玉米粉，则分别为

0.935 千克÷2.22％＝42.12 千克

0.935 千克÷2.3％＝40.65 千克

即在 100 千克木屑中应加入麸皮 42.12 千克，玉米粉 40.65 千克。

第二步，再求出棉籽壳需加入麸皮和玉米粉的量。

表1中，棉籽壳的含碳量为 56.00％，含氮量为 2.03％，实际碳氮比为 27.6∶1。碳氮比调整为 25∶1 时，设所需含氮率为 A，则

A＝56.00％÷25＝2.24％

应补氮素量为

100 千克×(2.24％−2.03％)＝0.21 千克

表1中，麸皮的含氮量为 2.22％，玉米粉的含氮量为 2.3％，如果把应补充的氮素量（0.21 千克）平均分配，0.105 千克的氮素来自麸皮，0.105 千克的氮素来自玉米粉，则分别为

0.105 千克÷2.22％＝4.73 千克

0.105 千克÷2.3％＝4.57 千克

即在 100 千克棉籽壳中应加入麸皮 4.73 千克，玉米粉 4.57

千克。

最后相加为

42.12 千克＋4.73 千克＝46.85 千克

40.65 千克＋4.57 千克＝45.22 千克

即 100 千克木屑和 100 千克棉籽壳的混合料中应分别加入麸皮 46.85 千克，玉米粉 45.22 千克。

在实际生产中，按照配方不同材料的配比，往往会根据原料价格的不同进行材料更换，通过添加价格便宜的、易于获得的替换价格较贵的材料，但一定要计算好各种材料的加入量。

53. 白灵菇出菇袋培养基常用配方有哪些？

白灵菇出菇袋栽培材料主料是棉籽壳、木屑、玉米芯等，辅料用麸皮、石膏、磷肥、石灰等，所用容器为规格 17 厘米×33 厘米，厚 0.3～0.4 毫米的聚丙烯袋或用聚乙烯袋。以下是几种常用配方。

①棉籽壳 84％＋麸皮 13％＋石膏 1％＋过磷酸钙 1％＋石灰 1％。

②木屑 75％＋麸皮 22％＋石膏 1％＋过磷酸钙 1％＋石灰 1％。

③玉米芯 80％＋麸皮 16％＋石膏 1％＋过磷酸钙 1％＋石灰 2％。

④棉籽壳 45％＋木屑 37％＋麸皮 15％＋石膏 1％＋过磷酸钙 1％＋石灰 1％。

⑤棉籽壳 50％＋玉米芯 32％＋麸皮 15％＋石膏 1％＋过磷酸钙 1％＋石灰 1％。

⑥棉籽壳 30％＋木屑 25％＋玉米芯 25％＋麸皮 17％＋石膏 1％＋过磷酸钙 1％＋石灰 1％。

上述出菇袋培养基配方的含水量在 63%～65%，要求在装袋前调整 pH 为 7～7.5。

54. 白灵菇出菇袋培养料如何配制？

按照白灵菇出菇袋培养料的配方选择和配比不同培养料，培养料的配料处理方式一般有两种，一是按照配方配好料后，充分搅拌均匀达到培养料含水量 65%左右，料内水分均匀一致，pH 调整为 7～7.5，即可以开始装袋。该方法操作简单，可将主料与辅料按比例直接加入搅拌机中，易于掌握，节省时间。另一种方法是，按照配方先将主料建堆进行短期发酵 2～3 天后再添加辅料，调整含水量至 65%左右，pH 7～7.5，最后装袋灭菌，该方法经过短期发酵后可以改善培养料的营养状态，有利于加快菌丝体生长速度。

以下是几种常用配方中以棉籽壳、木屑、玉米芯为主料的配制方法。

①棉籽壳 84%＋麸皮 13%＋石膏 1%＋过磷酸钙 1%＋石灰 1%。棉籽壳要求无霉变，先将棉籽壳与 1%的石灰水拌匀，料水比为 1∶1.5，石灰水按 50 千克水加入 0.5 千克石灰的比例配制而成，然后把麸皮、石膏与过磷酸钙均匀地撒在料堆上，再充分拌匀后建堆发酵。培养料堆积成圆堆状，用直径 3～5 厘米的木棒在料堆顶部和四周向下打孔，孔洞要通至料堆的底部，在料堆上插入温度计，然后用塑料膜覆盖料堆进行自然发酵。一般在建堆的当天料温开始上升，第二天当料堆内温度达到 55～60 ℃后，掀掉塑料膜翻堆一次。翻堆时如料内水分不足，应边翻料边加入石灰水，补充水的同时调整 pH 至 7～7.5。重新建堆后覆盖塑料膜继续发酵。第三天把料堆再翻 1 次，同时把料含水量调至 60%～65%，pH 7～7.5，拌匀后立即装袋。装袋后立即灭

菌，常压灭菌在锅内温度达到 100 ℃后保持 12 小时，停火后，再闷 3～4 小时出锅。

②木屑 75％＋麸皮 22％＋石膏 1％＋过磷酸钙 1％＋石灰 1％。要选择阔叶树的木屑，不宜太细。先把木屑摊开暴晒 2～3 天，然后用 1％的石灰水将木屑与石灰水按 1∶1.5 的比例拌匀，加入麸皮、石膏、磷肥充分搅拌后建堆发酵。发酵方法及装袋灭菌等与棉籽壳培养料相同，可参照来做。

③玉米芯 80％＋麸皮 16％＋石膏 1％＋过磷酸钙 1％＋石灰 2％。玉米芯颗粒不宜太大，最大颗粒不超过 1 厘米，先将粉碎好的玉米芯用 2％的石灰水搅拌（由于玉米芯在发酵过程中极易酸化，因此要用 2％的石灰水拌料），然后加入麸皮、石膏、过磷酸钙拌匀，建堆发酵。发酵的方法及装袋灭菌等与棉籽壳培养料相同，可参照去做。

其他混合料配方，应先将 2 种或 3 种主要材料混合，然后用 1％的石灰水搅拌，再加入麸皮、石膏、过磷酸钙拌匀，建堆发酵。发酵的方法及装袋灭菌等与棉籽壳培养料相同，可参照去做。

55. 白灵菇出菇袋接种时怎样操作？应注意哪些问题？

白灵菇出菇袋的接种操作与栽培种基本一致，应在无菌环境条件下进行，首先对接种室进行全面消毒，接种前两天，用甲醛与高锰酸钾熏蒸 1 次，两天后打开门窗适当通风换气，使甲醛气体逸出，然后把灭菌冷却后的出菇袋搬入，摆放成"井"字形，同时把栽培种也搬入接种室，再用 40％三乙膦酸铝可湿性粉剂 300～400 倍液在房间内喷雾消毒 1 次，消毒完毕 1 小时后，即可准备接种。

接种前先用干净的抹布蘸上0.1％的高锰酸钾或者是40％三乙膦酸铝可湿性粉剂300～400倍液，将栽培种袋外擦洗干净，用75％的酒精棉球把手擦洗干净，点着酒精灯在火焰上方打开栽培种袋口，用无菌镊子把栽培种上部的菌块去掉，即可开始接种。接种时两个人配合进行，一个人开袋，另一个人从栽培种袋里拨取菌种，两个人配合，开袋与接菌同时进行，一般一袋栽培种可转接出菇袋50袋左右。

出菇袋全部接完后搬入发菌室进行培养，发菌培养室应提前进行彻底灭菌并用黑布遮住门窗。出菇袋培养初期前3天温度控制在23～25 ℃，促进菌丝体萌发。当菌丝体开始吃料后，温度逐渐降至20 ℃左右。出菇袋在床架上摆放时，不同层间的温度差异对菌丝体生长有不同的影响。一般摆在最底层的菌袋，由于温度较低生长缓慢；摆在上面的菌袋，温度较高生长也快。为了使各层菌袋间的生长速度能够一致，要通过翻垛和倒袋的措施，每隔几天把菌袋上下重新摆放，有利于出菇袋菌丝体生长一致。

56. 白灵菇出菇袋污染的原因有哪些？

白灵菇出菇过程中，要随时检查菌袋内菌丝体的萌发生长情况，在23～25 ℃条件下，一般接种后第二天菌丝体就会萌发，4～5天可见到萌发的白色菌丝体。菌丝体萌发后在袋口表面向四周扩展，然后向袋内生长，如果在菌袋口或菌种旁出现绿色、黑色、黄色或其他色泽斑点或斑块，则表明菌袋被杂菌污染了，发生污染的原因与栽培种的污染有类似或相同之处，主要有以下几个方面。

（1）栽培料没有处理好 主要存在问题是拌料不均匀，含水量不足或过量。在配料和翻堆中要充分拌匀栽培料，翻堆时要把结块料打碎，结块内杂菌很多，如不打碎，灭菌过程中很难将其杀死。当把结块装入袋后，杂菌在袋内生长则造成污染。

（2）灭菌不彻底 灭菌要保证温度达到要求和维持足够的时间，采用常压灭菌时，灭菌柜内的温度要达到 100 ℃并维持 12 小时以上，停火后再闷上 3～4 小时。

（3）接种操作不严格 在接种前要对栽培种进行严格检查，不合格的栽培种坚决不用，在接种过程中严格按无菌操作的要求进行操作。

（4）菌袋出现破损 菌袋上有裂口或者有不易察觉的针眼大的破洞，有的属于质量问题，有的是人为所致。例如材料中有碎砖块、玻璃碴等硬杂物刺破菌袋，或在搬运过程中划伤菌袋，或老鼠咬破菌袋等。

（5）培养室温度太高或不通风 发菌过程中培养室温度不能超过 28 ℃，否则易造成污染。遇到突发的高温高湿天气时，要加大培养室的通风换气，降低室内温度。

57. 如何避免白灵菇出菇袋被杂菌污染？

在生产上应根据白灵菇出菇袋被杂菌污染的原因，采取以下几项针对性的防止措施。

（1）使用的菌种要纯 若菌种不纯，菌种本身带有杂菌，污染时杂菌最初不是出现在培养料上，而是出现在接种块上。因此，用于大批量生产的白灵菇菌种，从母种到栽培种全程都应非常小心，要严格遵守无菌操作要求并认真检查菌种质量，保证菌种的纯度。

（2）培养料配制要合理 培养料配方要合理，使用的原料要求不霉烂、不变质。培养料发酵好后应及时装袋，时间越长，越容易引起杂菌污染。

（3）培养料灭菌应彻底　培养料灭菌不彻底，一般在接种后2～6天便可发现。其具体特征是杂菌不仅在培养料表面发生，在培养料内的不同位置也会出现。常压灭菌除了要保持灭菌足够的时间，而且中间不能降温，出菇袋在灭菌柜内摆放不能过挤，应留有气道，不能有灭菌死角。

（4）严格无菌操作　在种源纯正的条件下，若发现杂菌的始发部位在培养料表面的接种区内，则这种污染多由于无菌操作不严格，接种时外部的杂菌被带入而造成的。接种污染在白灵菇栽培中最为常见，绝大多数是由于接种时不小心，或缺乏无菌操作基本知识和基本技能所引起的。因此，接种室、接种工具、接种人员的手臂等都要严格消毒，接种要严格按无菌操作规范进行。接种动作要快，达到快解袋、快接种、快扎口的要求。一批未接完，接种人员不要进出接种室。

（5）菌袋要完好　装袋与接种时要检查菌袋是否完好，若菌袋出现微小孔隙易造成污染。因此，不要使用有微孔或破损的塑料袋，在菌袋搬运过程中要轻拿轻放。

（6）净化培养环境　菌种贮藏室、接种室、培养室、冷却室应与原料仓库、菇房、配料场保持一定距离，或有良好的防污染隔离障碍物。周围环境应尽量减少污染源，如畜舍、禽棚、化粪池、污水坑、垃圾场、废料堆等，并做好日常的卫生清洁和定期消毒工作。生产环境净化程度越高，控制病虫侵染的措施越严格，对提高和稳定菌袋的成品率越有利。

（7）培养期间科学管理　在发菌期间，发菌场所空气湿度大于90%、通风不良、温度过高等都会造成杂菌感染并迅速蔓延，造成大片污染。发菌场所要提前打扫干净，并消毒灭菌杀虫。将菌袋放入发菌场所后，空气湿度不能超过70%，温度要稳定在25℃以下，经常通风。避免形成高温（30℃）、高湿（空气相对湿度超过90%）和不通风等有利于杂菌生长的环境。

58. 白灵菇出菇袋质量有哪些鉴定标准?

白灵菇出菇袋质量标准与栽培种的质量指标基本相同,主要包括菌丝体长势、菌袋色泽、菌袋硬实度等。

(1) 菌丝体长势 主要看菌袋内菌丝体的生长速度和长势,好的菌袋菌丝体粗壮有力、生长均匀。

(2) 菌袋色泽 主要看是否污染及污染的程度,菌袋通体色泽洁白,无其他色泽为好的菌袋。

(3) 菌袋硬实度 主要看菌丝体长满菌袋后的情况,在正常情况下,一般菌丝体长满袋后,再培养7天左右菌袋会变得很硬实。如果菌袋不硬实,说明袋内水分不足导致菌丝体后期生长无力或出现衰退,会影响出菇的产量和质量;或是病虫害,如线虫病危害,或菇蚊、菇蝇的幼虫进入袋内咬食菌丝体,菌袋内出现退菌现象而使菌袋变软。

59. 白灵菇出菇袋培养阶段如何进行管理?

将接过种的菌袋及时搬运到培养室内,培养期间应在遮阳黑暗条件下发菌培养,温度为22~25℃,不超过28℃,空气湿度保持在70%左右,经常通风换气,经过40天培养可以长满菌袋,白灵菇菌丝体长满袋后不能立即出菇,此时菌袋松软,菌丝体稀疏,必须经过一段时间的后熟期。一般在23~25℃,湿度在65%~70%的环境下,再培养20~30天,使菌丝体浓白,菌袋坚实,从而贮藏足够养分,达到生理完全成熟,这个过程为菌丝体后熟过程。经过后熟过程培养才能正常出菇,培养期间应经常检查菌丝体是否有杂菌污染。

60. 白灵菇出菇袋培养分为哪几个阶段？每个阶段各有什么特点？

白灵菇出菇袋接种后菌丝体生长一般经历5个阶段，每个阶段的生长特点分别如下。

（1）菌丝体萌发定植期 接种后，前3～5天是菌丝体萌发定植期，接种块上萌发出纤细的菌丝体，并开始"吃料"，逐步向新的培养料中生长。一般接种后2～3天就会萌发，3～5天后菌丝体开始"吃料"定植。如果发生菌丝体不"吃料"，可能是因为培养料的水分过多或过少（正常的水分含量是55%～60%），或pH不合适造成的，也可能是温度低导致生长缓慢，要针对具体情况进行调整。

（2）菌丝体封面期 接种后10～15天是菌丝体封面期，菌丝体将菌袋接种端的料面长满，并开始向料内延伸生长。在这一段时间最易出现杂菌感染，应注意观察，一旦发现有污染菌袋应尽早检出并隔离或移出培养室。

（3）菌丝体旺盛生长期 菌丝体长满菌袋接菌端料面后，在接种后的第15～30天为菌丝体旺盛生长期，菌丝体迅速蔓延直到菌丝体长满袋，此时菌丝体外表来看虽然已经长满袋，但袋内菌丝体尚未在培养料内长满，用手捏菌袋，菌袋仍发软。

（4）菌丝体营养积累期 在接种后的第40～50天是营养积累期，菌丝体长满菌袋后在适宜的温度下再进行培养，使菌丝体继续分解吸收培养料中的营养成分，菌丝体分枝繁殖生长，肉眼可以观察到浓密的菌丝体覆盖于料面上。

（5）菌丝体生理成熟期 在接种后的第50～60天是菌丝体生理成熟期，此时菌丝体积累了大量营养，用手捏菌袋，有硬实感。

61. 白灵菇出菇袋为什么要进行后熟培养？

白灵菇与其他大多数食用菌不同的是，菌丝体长满基质后不会立即出菇，必须要经过一段较长时间的生理后熟后才能达到生理成熟，否则就是出菇条件适宜也不能正常出菇。

菌丝体后熟培养对于白灵菇出菇非常重要，其培养时间长短对出菇率有较大影响，后熟期的长短与品种的种性有关，同时也与发菌期温度的高低有关。一般认为后熟培养时间愈长，白灵菇单朵愈重，产量愈高。切开出菇袋观察菌丝体生长情况，发现后熟时间愈长，其培养料菌丝体生长愈浓密、洁白和粗壮，整个菌袋愈紧实。而未经过后熟培养的菌袋的培养料表面菌丝体虽已长满，但其料内菌丝体稀疏、细弱，菌袋较软。可见经过后熟培养后，菌丝体吸收了更多的养分和水分，为正常出菇和优质高产提供了坚实的物质基础。

62. 白灵菇后熟期需要多长时间？如何鉴别后熟期完成？

白灵菇出菇袋后熟期的培养与发菌期的管理方法基本相同，在 20～25℃，后熟期为 30～40 天。后熟期菌袋的上限温度一般不要超过 25℃，超过 25℃会导致白灵菇菌丝体的生长势衰退、产量下降。菌袋的生理成熟过程，其实质就是菌丝体代谢积累营养的过程，温度过低或过高都会影响代谢的速度，从而延长菌袋生理成熟的时间。白灵菇菌袋生理成熟的标志为菌袋表面形成菌皮，形成菌皮后即表明菌袋已生理成熟，一般情况下当白灵菇菌袋已达生理成熟时，表层菌丝体色泽浓白，手触有硬实感，拍打菌袋会发出类似空心木的声响。

63. 白灵菇出菇袋后熟培养时为什么会出现"吐黄水"现象？

白灵菇菌袋菌丝体发满袋并达到生理成熟后，有些菌袋因后熟期长，气温变化等因素影响会出现"吐黄水"的现象，这种现象实际上是菌丝体在不适环境下出现的一种自溶行为。在菌袋表面"吐"出的黄水极易滋生杂菌并造成烂袋。为了避免"吐黄水"现象的发生，应在后熟期避免菌袋温度升高，加强通风换气。如果出现"吐黄水"现象时可用无菌刀片将积水处薄膜划破约1厘米的小口排除黄水，可减轻"吐黄水"症状。不能过早打开菌袋，以免菌袋表面大量失水、风干，不利于催蕾出菇。

64. 白灵菇出菇方式有哪几种？

白灵菇菌袋后熟培养结束后，即可进入出菇阶段，出菇前菌袋摆放的出菇方式有立式出菇、立式覆土出菇、卧式出菇、脱袋卧式覆土出菇、不脱袋两段式覆土出菇、双排菌袋泥垛式出菇、划口定向出菇等多种方式，可根据当地情况、栽培设施及习惯方式等选择适宜的出菇方法，一般最常用的是卧式出菇法。

卧式出菇法分为单向出菇和双向出菇两种。将菌袋水平堆叠排放，两端开口两边出菇为双向出菇；将菌袋水平摆放，把一端袋口解开的出菇方法为单向出菇。

白灵菇单向出菇和双向出菇各有优缺点。由于双向出菇时，往往易出现一端出菇，而另一端不出菇，或者一端菇体大，另一端菇体小，或者是两端的菇盖都长不大的现象。因此，在白灵菇生产上为了获得最佳的菇形，提高白灵菇的质量，目前，一般多采用卧式单向出菇法。卧式单向出菇法有利于菌袋内菌丝体积累的养分集中向一端的子实体供应，满足一端子实体生长发育对营养的需要，可获得形态和质量符合商品菇要求的产品。

采用卧式单向出菇法，采菇结束后由于菌袋内的养分未完全释放，仍含有一定的养分，因此，在卧式单向出菇结束后，再采用脱袋卧式覆土出菇法，即把菌袋的塑料膜脱去，脱袋后将菌袋卧式排放于菌床上，菌袋间填上湿土，菌袋表面覆土1厘米左右，然后灌水让菌袋充分吸足水分，继续管理15天左右，还可以收获一茬白灵菇。

65. 白灵菇出菇前变温培养对菇蕾的形成有何作用？

白灵菇具有变温结实的特性，在单一恒温条件下，白灵菇难以形成子实体，要想得到理想的子实体，必须在出菇期给予变温处理，即通过温差刺激促进菇蕾的产生。否则，只能在菌袋内表层形成一层厚厚的菌被而无法形成菇蕾。

温差刺激主要是对白灵菇菌丝体给予低温刺激处理，低温处理温度要求在0～8℃，处理10天左右。低温处理刺激结束后，即可进入白灵菇出菇阶段的管理。

66. 白灵菇子实体生长对温度有什么要求？

白灵菇子实体适宜生长的温度在15～20℃，高于20℃时子实体生长较快，但品质较差，在较高温度条件下，菌柄较长，菌盖易开伞、发黄，特别是在23℃以上温度和高湿条件下极易发生菇体腐烂发臭。低于15℃时，子实体生长缓慢，但品质较好。在温度较低的情况下，菌盖肥大，菇肉肥厚结实，不易开伞，菌柄短，耐贮存。因此，为了满足市场需求的短柄手掌形、贻贝形白灵菇产品，子实体生长阶段应尽可能地将环境温度控制在15～20℃。

67. 白灵菇子实体发育过程经历哪几个时期？

白灵菇的遗传特性具有双因子控制四极性异宗结合的特征，其生活史是从担孢子开始，由担孢子萌发形成单核菌丝体，再有单核菌丝体融合成为双核菌丝体，进而由双核菌丝体扭结形成子实体，最后由子实体再产生出新的担孢子的整个发育过程。白灵菇的双核菌丝体通过锁状联合不断进行细胞分裂，达到生理成熟后，菌丝体扭结形成子实体原基。

子实体的分化发育可分为以下几个时期。

（1）**原基期** 当菌丝体生理成熟时受低温变温刺激，菌丝体开始在表面扭结，形成白色米粒原基。

（2）**菇蕾期** 随着米粒状原基不断增大，逐渐分化出丛状小菇蕾。

（3）**幼菇期** 小菇蕾菇体组织不断分化生长，逐渐由球形转变为贝壳状，表面平展光滑，背面开始有少量菌褶出现，在菌盖生长发育的同时，菌柄也伸长。

（4）**展盖期** 菌盖不断扩展呈边缘内卷的圆形或近圆形，随着菌盖不断长大，逐渐形成菌盖应有的掌形或贝壳形。

（5）**成熟期** 当菌盖成形之后，菌盖边缘逐渐展开，菌褶色泽逐渐加深或变黄张开释放孢子，菇体进入成熟期。

68. 白灵菇子实体生长发育形态如何变化？

白灵菇子实体发生过程中的形态变化如下。

(1) 菌袋进入出菇期1～3天 菌袋料面随着菌丝体的集聚，隆起一个直径为0.5厘米左右的白色凸起，即米粒状的原基形成。

(2) 菌袋进入长菇期3～5天 米粒状原基随后形成一个小尖锥体，锥体顶端膨大成一个黄豆粒大的小球，即幼蕾形成。

(3) 菌袋进入长菇期6～8天 洁白紧实的幼蕾继续长大至蚕豆大小，并继续发育成菌盖，菌盖基部生长伸长形成菌柄。

(4) 菌袋进入长菇期9～11天 菇蕾生长至乒乓球大小，饱满洁白，随着菇体不断生长发育形成平展的菌盖。

(5) 菌袋进入长菇期11～14天 菌盖继续生长发育至10厘米以上时即可采收，如果菌盖老熟时边缘由内卷逐渐变成上翘，同时会释放出孢子。

69. 白灵菇出菇阶段如何管理？应注意哪些事项？

根据白灵菇子实体发育过程中不同时期形态变化的特点，出菇阶段的管理与注意事项有以下几项。

(1) 菌袋进入出菇期1～3天 解开袋口，拉直菌袋塑料膜，松口增氧，菇房内喷雾化水提高湿度，温度控制在10～20℃，避免光线直射，空气相对湿度80%左右，袋口不宜张口太大，防止水分蒸发。

（2）**菌袋进入长菇期 3～5 天**　适当光照，加大喷雾增加湿度，温度控制在 10～20 ℃，避免光线直射，空气相对湿度 80%～85%，光照度 100～200 勒克斯。

（3）**菌袋进入长菇期 6～8 天**　菇蕾大量产生后要选蕾、疏蕾，每袋留菇蕾 1 个，切掉多余菇蕾，菇房内喷雾化水提高湿度，控制湿度与通风增氧，温度控制在 10～20 ℃，北方地区夜间要防止低温冻害。

（4）**菌袋进入长菇期 9～11 天**　卷起袋口塑料膜，加大喷雾化水的量，增加通风，通风最好选择在 11～15 时，温度控制在 10～20 ℃，空气相对湿度 85%～90%。

（5）**菌袋进入长菇期 11～14 天**　温度控制在 10～15 ℃，空气相对湿度 90%左右，加大喷雾化水保湿，增加通风，适当光照，防止菌盖开裂，注意通风与喷水加湿要相互协调。

70. 栽培白灵菇为什么要搔菌？如何进行搔菌？

白灵菇具有低温与变温结实的特征，原基分化和菇蕾生长对温度的要求非常苛刻，经过后熟期处理的菌袋，还必须有 8～12 ℃的温差刺激，才能出菇。如果不进行温差刺激，会造成出菇不整齐、产量低、品质下降等问题，给出菇管理带来较大难度。因此，经过搔菌处理的菌袋，通过催蕾刺激白灵菇原基的分化，可使出菇整齐，提高产量。

白灵菇菌袋搔菌操作要求将经过后熟期处理的菌袋解开袋口，用 75%酒精浸泡过的刀片或小钩刮去料面中间部位直径为 4～5 厘米的老菌皮，再将袋口扎好，但不要过紧。搔菌后将袋口重新系上，稍微向外拉扯菌袋，同时加大昼夜温差进行催蕾管理。

71. 栽培白灵菇为什么要催蕾？搔菌后如何进行催蕾？

在白灵菇栽培管理过程中，搔菌和催蕾是结合进行的，通过搔菌和催蕾不仅有利于原基快速形成，而且能使大部分菌袋现蕾一致，起到出菇整齐的作用。白灵菇搔菌后温度控制在15～20℃，3～5天后菌丝体恢复生长至菌袋口料面出现白色的菌丝层，进行昼夜温差刺激，空气相对湿度80%～85%，给予一定的散射光线照射，保持空气新鲜，一般9～12天后可见到白色的原基产生，逐渐长大形成菇蕾，当菇蕾长至黄豆大小时，松开袋口但不要完全张开，造成一个有利于菇蕾生长发育的空间小气候。

72. 栽培白灵菇疏蕾时及疏蕾后要注意哪些问题？

白灵菇菌袋经过搔菌和催蕾后会在菌袋表面形成密密麻麻的菇蕾，由于菇蕾太多，相互间争夺养分，不利于形成受消费者喜爱的菇形。因此，现蕾后疏蕾可解决幼蕾过多、朵过小、品质差、商品价值低的问题。

疏蕾操作时应注意如下几点：

①疏蕾前应对疏蕾操作人员进行现场培训，疏蕾的好坏直接影响到白灵菇的一级品率。通过实际操作，确保每人熟练掌握疏蕾要领和技术，严格按照疏蕾的要求进行操作。

②疏蕾前备好疏蕾用的小刀或其他用具，用75%的酒精将疏蕾工具消毒一次，避免细菌性病害交叉感染。

③疏蕾工作要适时进行，当菇蕾长至蚕豆大小时，即可疏蕾，不宜过早或过晚。每个菌袋疏蕾后都要剪去袋头多余的塑料袋，并按原来位置摆放好。疏蕾工具不能碰伤留下来的幼菇及幼菇基部的菌丝体。

④选蕾标准以色泽洁白、蕾体端正丰满、长势健壮为标准。留下健壮的大菌蕾，去掉长势较弱的小菌蕾；留下菌盖大的菌蕾，去掉菌柄长的菌蕾；保留菇形圆整的菌蕾，去掉长条形菌蕾；保留无斑点、无伤痕的菌蕾。留下直接在料面上形成的菌蕾，去掉在菌种块上的菌蕾。总体采取选优去劣、留大去小、留强去弱、疏密留稀，留蕾数量要求每个袋口选留最佳菇蕾1个，多余的用刀片割掉。

⑤疏蕾后要注意保温保湿，温度控制不低于10℃，不高于20℃，空间喷雾状水，保持空气相对湿度在85%～90%。当选留的菇蕾长至乒乓球大小时，及时将塑料袋袋口挽起，翻套在塑料袋上，若挽口过晚，会因为缺氧影响疏蕾后分化子实体的形态，降低商品质量。

73. 白灵菇菌袋出菇慢、乱现蕾发生原因有哪些？

白灵菇菌袋出菇慢或乱现蕾发生的原因主要有以下几方面。

(1) 菌丝体菌龄短，营养积累不够 白灵菇菌丝体刚长满栽培袋时，菌丝体稀疏，分解吸收营养少，提供不了足够的营养使营养生长转化为生殖生长。

(2) 未采取催蕾措施 白灵菇菌袋内菌丝体浓密浓白、手触硬实，说明菌丝体已完全发育成熟。在白灵菇适宜出菇的温度仍不出菇，是由于未采取催蕾措施，必然出菇慢、现蕾不整齐。

(3) 外界环境条件不适宜 白灵菇菌丝体从营养生长转向生

殖生长时，除本身具备的物质基础外，还需要一定的外界条件，如合适的温度和湿度、充足的氧气和一定的光照。如果这些环境条件不满足，就难以现蕾。

74. 如何预防白灵菇菌袋出菇慢、乱现蕾？

预防白灵菇菌袋出菇慢、乱现蕾的主要措施有以下几点。

①培养料装袋时，应尽量将料袋扎紧，不留空隙；菌袋菌丝体培养阶段，应保持暗光、温度恒定条件；菌丝体发育成熟的菌袋应尽量少搬动，以免引起菌丝体损伤。

②菌袋松口后，菇房空气相对湿度应保持在80%～85%。湿度太低会引起菌袋料面偏干，以致菇蕾多生长在菇袋中间湿度适宜的部位。

③菇房光线不宜太强，以便于菌丝体快速扭结尽快现蕾。如果光线较强，会导致出菇部位菌丝体老化，难以现蕾，而往往菌袋中间部位的光线适合菇蕾的发生。

④现蕾阶段，菇房内温度应尽量保持在10～20℃，若菇房温度高于20℃，菌袋的出菇能力明显减弱。

⑤菇房应保持通风良好，否则会造成不适部位现蕾过多，难以疏蕾，浪费营养。

75. 白灵菇出菇袋迟出菇或不出菇的原因是什么？

白灵菇迟出菇或不出菇，整体表现为出菇袋整批出菇缓慢，菌龄超过120～140天没出菇或者出菇时间不一。发生原因主要有以下几个方面。

（1）**后熟培养未完成** 这是迟出菇或不出菇的主要原因，白灵菇菌丝体满袋后还需要进行 30～40 天的后熟培养。后熟培养完成后菌袋硬实，菌丝体浓白，养分积累充分达到生理成熟。如果后熟培养没有达到标准，则很难出菇。

（2）**配方不科学** 白灵菇菌丝体生长需要含氮量高的营养物质，但当培养基质中氮浓度过高时，菌丝体生长过旺，将会延长营养生长的时间，抑制原基形成，导致不出菇。

（3）**养菌管理出现问题** 接种后出菇袋堆集过密，袋间不透气，如果遇到气温突然升高，可造成出菇袋烧菌，菌丝体生长受到抑制甚至坏死。

（4）**催蕾控温失误** 菌丝体生理后熟完成后，还需要 10 天左右 0～6 ℃的低温和变温刺激，才能使原基形成，然后分化形成菇蕾。若催蕾控制失误，则会导致迟出菇或不出菇。

76. 白灵菇常见畸形菇有哪几种？有何特征？

在白灵菇生产中经常会出现畸形菇，畸形菇不仅降低产品等级，甚至失去商品价值，直接影响白灵菇生产的经济效益。常见的畸形菇主要有以下几种特征。

（1）**花瓶状畸形** 表现为菌盖小，菌柄粗而长。

（2）**破碗状畸形** 菌盖中部凹陷，边缘外卷或开裂，菌盖弯曲不平整。

（3）**拳头状畸形** 菌盖紧抱不展呈拳头状或菌盖表面呈瘤状物突起。

（4）**莲花状畸形** 多个菇蕾丛生，菌柄基部不分离。

（5）**牛舌状畸形** 菌盖狭窄伸长呈舌状。

（6）**麻脸状畸形** 菌盖表面出现密集的斑点。

（7）**光头状畸形** 菌盖圆形内缩呈包裹状，菌褶收缩不明显。

(8) 花菇状畸形 菌盖表面龟裂成类似于花香菇的沟缝。

除上述外还有菇体萎缩及菇体发黄变色等畸形菇发生。

77. 白灵菇发生畸形菇的原因是什么?

造成畸形菇的原因主要有以下几点。

(1) 营养不足 栽培料如棉籽壳、麸皮等陈年受潮霉变,养分降解,配方中含氮物质麸皮用量偏少。

(2) 菌袋脱水 菌袋在长时间培养过程中袋内水分蒸发,造成菌丝体脱水,易产生菌盖边缘波状或不展盖、色泽发黄等。

(3) 出菇期不当 在白灵菇生产上由于菌丝体后熟没完成就急于进行催蕾,结果造成早产畸形。

(4) 催蕾不到位 菌丝体生理成熟后仍需要 $0\sim8\ ℃$ 低温刺激10天左右,才能使原基分化成菇蕾,温差刺激出菇是白灵菇的一个特殊特性,如果低温期不足,温差刺激不够,与生理生化要求不协调,导致子实体发育受到抑制而造成畸形。此外,在出菇过程中为了保温而减少通风量造成菇房缺氧,使菇柄伸长,菇盖变小或菇盖不易展开形成拳头菇。

(5) 疏蕾不及时 出菇时菇蕾太多互相拥挤,菇体发育倾斜侧生,易出现蝴蝶形菇、牛舌状菇、驼背菇等形态。

(6) 出菇设施简陋 主要是菇房结构和通风设施不合理,菇房空气不流通,菇房严重缺氧,造成好气性的白灵菇生长畸形。

(7) 管理不及时 大部分畸形菇的产生是由于培养环境条件与白灵菇生理生化要求不相适应所造成的,特别是在出菇期温、湿、光、气协调不好,在管理技术上操作失误等。例如在低温季节要保持菇棚温度不低于 $8\ ℃$,特别是白灵菇子实体原基分化生长期,低于 $8\ ℃$ 易形成菌柄粗长的畸形菇。低温季节出菇时,当白灵菇子实体正处于成形阶段，要注意通风增氧，勿使菇房内二氧化碳积累，要经常注意调节菇房内空气湿度，保持菇房内空气相对湿度在80％～90％，干燥时要及时喷雾化水增湿。

78. 白灵菇菇盖上产生黄斑的主要原因是什么？如何预防？

白灵菇菇盖上若发生块状黄斑，其商品价值和食用价值会降低。因此，在栽培中要防止黄斑发生。引起白灵菇菌盖上发生黄斑的原因有两个，一是病原菌引起；二是水分直接落在菌盖上造成。预防措施是：菇棚内定期进行消毒，杀死病原菌；水分管理时不要将水直接喷在子实体上；建菇棚时应尽量选无滴塑料薄膜，这种薄膜不会形成冷凝水滴。

79. 白灵菇栽培中病虫害防治有什么意义？

病虫害是制约白灵菇生产最重要的因素之一。白灵菇培养料经过高温灭菌后可杀灭大部分杂菌和虫卵，但是如果灭菌不彻底或培养过程中管理不善、环境不卫生等也会导致杂菌或害虫滋生蔓延，给生产带来较大危害。因此，在白灵菇栽培中病虫害防治具有举足轻重的作用。病虫害防治主要有两方面的意义：一是通过对病虫害的防治，使白灵菇菌丝体与子实体生长在一个良好的环境中，免受病虫危害，从而获得高产、优质、安全的产品；二是在病虫害的防治中，要尽可能地减少环境污染，在防治病虫害所采取的每一项措施中，都要认真地评价其必要性、有效性及安全性，不可盲目地滥用杀菌剂、杀虫剂等剧毒或高残留的化学农药。

80. 为什么在白灵菇病虫害防治中防大于治？

在白灵菇生长发育的各个阶段，均可能受到病虫危害。白灵菇菌丝体和子实体富含高营养，在人工栽培环境条件下，病虫害一旦发生后，其传播蔓延的速度会很快，治的效果一般不是很理想，如果防治不当还极易造成农药高残留。在病虫害防治中，必须坚持防大于治的原则，通过防不仅可以大大减少病虫害发生，而且能够有效地降低治的成本，从生产实践来看，只要防的措施设计合理，技术到位，病虫害是基本可以避免的。因此，在白灵菇病虫害防治中最根本的一条原则就是尽量不用或少用化学农药，杜绝使用剧毒或高残留的化学农药，应将病虫害防治贯彻在白灵菇生产的始终，坚持"预防为主，综合防治"的方针，严格按照栽培管理技术规范进行生产，保证白灵菇生产健康发展。

81. 预防白灵菇病虫害的发生主要有哪些措施？

预防白灵菇病虫害的发生可以采取以下几种措施。

(1) 选用抗病、抗逆性强的白灵菇品种 这是白灵菇栽培是否成功的一个先决条件，不仅要求品种的种性好，而且制作的菌种质量要高。种性是指该品种固有的抗病性、抗逆性、丰产性及品质等遗传特性。菌种质量指标主要反映菌种制作的水平，包括菌丝体生长健壮、萌发力强、吃料快、无污染、无虫害等。在引进优良品种时，要注意所选品种的生物学特点与当地的气候条件相适应，同时在引进后应首先通过出菇试验和试验性栽培，充分掌握该品种的栽培特性后再用于大面积生产。

（2）选择安排适宜的生产季节　要根据当地气候变化的特点和自身的栽培条件，选择安排适宜的生产季节。白灵菇属于低温变温结实性菌类，在我国大部分地区，一般顺季栽培适宜在秋、冬季进行，若计划反季节栽培时，也要选择适宜的出菇时期，并且栽培设施要具有温度调节的功能，特别是要防止因降温导致温度过低，又要防止高温下病虫害大量发生。

（3）保持生产环境的整洁卫生　这是白灵菇栽培的一个必需条件。保持生产环境的整洁卫生，可有效减少病虫害的藏匿地，减少污染源。尤其是在多年生产的场地环境，更应定期或不定期地清理环境，接种室、培养室、菇房在使用前都应进行严格的消毒。在生产过程中，对发生的病虫害要及时进行处理，防止病虫害扩大蔓延。

（4）严格规范生产操作程序　在生产过程中的每一个阶段，都应严格按照规范的生产程序来操作，不要怕麻烦，不能图省事，哪一个阶段都不能出问题。如母种出现污染，就要重新购买；如果出菇袋出现大面积污染，那么前功尽弃，损失更大。

（5）配制最适宜的生长基质　白灵菇菌丝体的生长发育、出菇离不开基质，就像绿色植物的根离不开土壤一样。配制最适宜白灵菇菌丝体生长的基质，才能增强它的抗病和抗逆能力，菌丝体生长越健壮，越快速，病害的发生概率就越小，即使有小的污染菌丝体也能把它覆盖。如果基质配制不好，菌丝体的生长势差，抗病和抗逆的能力降低，病菌就会乘机大量繁殖，侵害菌丝体，致使菌丝体不能生长而死亡。

（6）创造最适宜的生长环境　白灵菇生长发育离不开适宜的外部环境，温度、湿度、空气及出菇期适宜的光照对其生长发育影响很大。在生产上为了避免病虫害发生，在温度管理上，一般采取比要求的温度略低的培养措施，例如白灵菇菌丝体的最适宜生长温度是 23～25 ℃，但在实际培养过程中温度以 21～23 ℃为好，在此温度条件下病菌发生的概率小，菌丝体的生长虽然慢了一点，但菌丝体却更加健壮。

82. 白灵菇生物防治病虫害的药剂有哪些？

利用生物农药防治白灵菇病虫害是无公害防治的一项重要措施。生物农药的最大优点是产品对人体无毒害，无副作用，不污染环境，因而具有广阔的应用前景。利用生物农药防治白灵菇病虫害，是利用生物的代谢产物或病虫害的天敌而生产的杀菌杀虫剂，主要有嘧啶核苷类抗生素、武夷菌素、阿维菌素等几种生物农药制剂。

(1) 嘧啶核苷类抗生素　是我国自主研制的嘧啶核苷类抗生素，是一种广谱内吸性杀菌剂，产生菌为刺孢吸水链霉菌北京变种，对防治青霉菌、曲霉菌等杂菌有较好的效果。

(2) 武夷菌素　是从福建武夷山区采土分离出来的一株链霉菌培育成的具有高效、广谱、低毒、无残留的生物源杀菌剂，主要活性成分为含有胞苷骨架的核苷类抗生素，在栽培中用于培养料的灭菌处理、培养室或菇房的空气消毒等，对防治青霉菌、曲霉菌等杂菌有较好的效果。

(3) 阿维菌素　是一类具有杀菌、杀虫、杀螨、杀线虫活性的十六元大环内酯化合物，由链霉菌中阿维链霉菌发酵产生，对螨类和昆虫具有胃毒和触杀作用。目前以阿维菌素为主要成分开发的产品有齐螨素、杀虫丁、爱福丁、阿维虫清等，在白灵菇栽培中可用于防治螨虫和菇蝇等。

(4) 苏云金杆菌　是一种细菌性杀虫剂。它是一种自然存在的昆虫病原细菌，但对人畜无害。其主要杀虫成分是孢子和伴孢晶体。在白灵菇栽培中可用于防治螨虫、线虫等。

83. 白灵菇物理防治病虫害有哪些方法?

物理防治是借助自然因素或采用物理机械的作用杀死或隔离病虫害的方法。不同的害虫又具有不同的习性,如趋味性、趋光性等。可以利用害虫的这些习性来达到捕捉或杀死害虫的目的。主要有以下几种。

(1)干燥法　主要用来对原材料的干燥处理,在配制培养基前通过对原材料在日光下暴晒,可使藏匿于材料中的部分杂菌和虫卵脱水干燥而死。

(2)水浸法　在配制培养基前通过对原材料在1%～2%的石灰水中浸泡,不仅可有效地防治杂菌,而且可使害虫在水中缺氧而死。对菌袋进行水浸处理,同样可使菌袋内的害虫缺氧而死。

(3)冷冻法　主要是在冬季栽培中菌袋初发病虫害或发生较轻时,通过突然降温来抑制病虫害的快速蔓延,因为病虫害都喜欢较高的温度,在低温下生长很慢,甚至死亡,尤其对成虫的冻杀作用很好。但是该法应在出菇前或采菇后进行,否则会造成子实体受冻害而死亡,特别是幼小的菇蕾。这种方法对于白灵菇栽培非常实用,白灵菇出菇需要一定时间的低温刺激,适度的温差刺激有利于出菇。

(4)避光法　该法主要是应用在菌丝体培养阶段,通过在黑暗下培养的避光措施,不但有利于菌丝体生长,还可避免害虫因趋光性飞入。

(5)隔离法　通过在门窗上和通气口安装纱窗来阻止害虫飞入,由于害虫的躯体都较小,要求安装的纱窗网眼不能太大,一般以60目*的纱网为宜。

＊ 目为非法定计量单位。——编者注。

84. 利用害虫的习性防治白灵菇虫害有哪些方法？

害虫种类多种多样，不同害虫具有不同的习性，如趋味性、趋光性等，可以利用害虫的这些习性来达到捕捉或杀死害虫的目的，利用害虫的习性防治白灵菇虫害主要有以下几种方法：

(1) 趋味性

①香味诱杀。螨虫类对炒熟的菜籽饼或棉籽饼香味有趋味性，因此可将炒熟的菜籽饼或棉籽饼撒到纱布上，诱集螨虫达到一定数量时，再把纱布放到开水中或浓石灰水中浸泡杀死螨虫。

②糖醋味诱杀。蝇虫类和螨虫类害虫对糖醋味有趋味性，因此可在盆内放入糖醋液，诱使害虫落在盆内的液体中淹死。

③蜜香味诱杀。在0.1％的鱼藤精或1：（150～200）的除虫菊药液中加入少许蜂蜜，可诱杀跳虫。

(2) 趋光性 蝇蚊等害虫具有趋光性，在菇房内挂只黑光灯或日光节能灯，在灯光下放一个诱杀盆，害虫扑灯落入盆中即被杀死。还可在光照处挂粘虫板，板上涂抹40％的聚丙烯黏胶，害虫一旦落在上边即会被粘住不能飞走，粘住一定数量时再拿出室外处理。

(3) 喜湿性 跳虫等害虫喜欢在潮湿的环境中活动，在菇房边角处做一水槽或水沟，可诱使跳虫进入后再喷药杀死。

85. 白灵菇病害发生的类型与症状有哪些？

白灵菇病害发生的类型按照一般的划分，可分为生理性病害和侵染性病害两类。但是，根据近年来在白灵菇病害的调查研究中，其病害发生的原因大多是因用药不当造成的，而且此类病害的危害性更大，常常造成无法挽回的损失。因此，我们把这些病害另划为一类，称为药致性病害，通过这样的划分，有助于我们牢固树立无公害生产的意识。

白灵菇病害发生的主要症状有以下几种。

（1）**变色** 主要发生在菌丝体生长阶段，在培养料上产生绿色、黄色、黑色的霉层或粉状物。

（2）**萎蔫** 主要发生在子实体生长阶段，菇体逐渐萎蔫干缩死亡。

（3）**腐烂** 在菌丝体和子实体生长阶段均可发生。在菌丝体生长阶段发生时，培养料变黏，发臭变酸；在子实体生长阶段发生时，先从柄基部开始腐烂，菇体逐渐全部发黏腐烂。

（4）**畸形** 主要发生在子实体生长阶段，菇体呈盖小柄长，或在菌盖上长出许多小疙瘩。

86. 白灵菇生理性病害发生的特点与原因有哪些？如何防治？

白灵菇的正常生长发育离不开适宜的生态环境条件，当环境条件不适或发生剧烈变化时，致使菌丝体或子实体的生理活动受到阻碍甚至遭到破坏，表现出病害症状。这种病害由于主要是环境影响所造成，而无病原微生物的侵染，因此，一般把生理性病害又称为非侵染性病害。

（1）**生理性病害常见症状与特点** 菌丝体在生长过程中纤细灰白或呈绒毛状，不吃料，子实体柄长盖小或菌盖上出现疙瘩等畸形。一般来说，生理性病害常是大面积同时发生，子实体表现症状有一定规律性。生理性病害发生在病害较轻的情况下，当致病的内外因素解除后，病害可自行消失而恢复正常生长，即具有可恢复性，这是生理性病害的一个重要特点。

(2) 生理性病害产生的病因 高温或冻害，营养物质缺乏或过剩，含水量不足或过量，二氧化碳浓度太大，培养基酸碱度不适（pH 太高或太低）等，是导致生理性病害产生的主要原因，当其中一项因素不能满足需要时，就可能发生病害。

(3) 生理性病害的防治 当发现生理性病害后要及时查找原因，并迅速做出恰当的调整。例如，当菇房内的通风量不足时，会使菇体产生柄长盖小的畸形，而畸形菇会最先产生在菇房的墙角等通风较差的地方，如果发现有少量畸形菇产生时，就应立即改善通风条件，加大通风量，畸形菇就不会再产生。如果采取的措施不及时，畸形菇就可能大量产生，而已畸形的子实体，即使通风再好也不可能恢复为正常的菇体。

87. 白灵菇侵染性病害的发生原因有哪些？

侵染性病害是由不同的病原微生物侵染菌丝体或子实体后引起的，因此，一般把侵染性病害又称为非生理性病害。可侵染的病原微生物主要有真菌、细菌与病毒等，按侵染病原微生物的不同，可划分为真菌性病害、细菌性病害、病毒性病害等。其中，真菌性和细菌性病害较易发生，常见真菌性病害有子实体枯萎病，细菌性病害有菌袋腐烂病和子实体腐烂病。

传染性是侵染性病害的一个显著特点，其传染方式主要是病原微生物在经过侵染引起发病后，病原菌就会在菌体内外产生大量的繁殖体，这些繁殖体可以是带菌的材料，也可以是孢子或芽孢等。繁殖体再通过各种途径，如操作时手上带菌、空气中带菌等侵染更多的寄主，如果某种病菌能够不断地反复侵染引起发病，那么就会造成该病的流行。

鉴别白灵菇是否发生侵染性病害，主要是根据发病症状和分离出的病原微生物来鉴定，无论是菌丝体生长阶段，还是子实体生长阶段，高温、高湿、通风不良的菇房环境都易导致病害的发生。在不良的环境条件下，首先是菌丝体或子实体的生长受到抑制，出现生理性病害的病征，紧接着病原菌乘虚而入，并大量繁殖造成侵染性病害发生。由于不同的病原菌有时会产生相似的症状，所以最终的鉴定结果要以侵染的病原菌为准。当病原菌侵入后，菌丝体或子实体表现出来的不正常特征称为症状，因此发病症状是病原菌特性和菌体特性相结合的反映。在观察发病症状时，应首先对栽培场地、菇房及其周边的环境有所了解，然后再对病害做仔细观察并做好详细的记载，记载时描述一定要规范准确，有条件的情况下，最好拍成照片，以便进一步查对。在病害特征非常明显、具有典型症状的情况下，一般可初步判断出病害的类型或病种，如果无法确定时，则需检出病原菌做进一步鉴定。

白灵菇发生侵染性病害是因为病原菌侵染菌丝体和子实体造成的，病害发生的原因首先是培养材料本身带菌，由于在灭菌过程中对杂菌灭杀不彻底，因而在菌丝体生长的同时，病菌也随之繁殖扩大并侵害菌丝体。其次是外界杂菌的侵入，如接种时操作不规范，接种工具和手上带菌，或空气中的病菌进入袋内侵染菌丝体。再就是菌种本身带菌，则菌种也会成为传染源，母种传染原种，原种传染栽培种，栽培种带菌又会传染出菇袋，因此，制种一定要严格按规范进行。病原菌侵染子实体的途径主要是通过外界病菌的传播，例如不洁净水、害虫以及空气中的病菌。

88. 如何预防白灵菇侵染性病害？

侵染性病害在防治上要首先明确菌种、病原菌、环境之间的关系，一般来讲，侵染性病害是在病原菌的侵染下发生的，如果没有病原菌的侵染不会产生病害，但是在病原菌侵染的情况下，有时也不一定会发病，其发病的条件主要取决于以下两个方面。一是菌种的抗病性。菌种的抗病性是决定是否发病的内在因素，菌种的抗病性越强，发病的概率就越小；菌种的抗病性越弱，发病的概率就越大。不同的品种抗病性不同，就是同一品种在不同的生长阶段其抗病的能力也有差异。二是环境的适宜性。从菌种与环境的关系来讲，环境越有利于菌丝体和子实体的生长，抗病性越强，发病的概率就低，而环境不利于菌丝体和子实体的生长时，抗病能力降低，发病的概率就高。

从病害与环境的关系来讲，病害的发生与病原菌的侵染能力有关，而病原菌的侵染能力又与其在环境中的基数有很大的相关性。当环境不适宜病原菌的繁殖时，环境中存在的病原菌基数少，它的侵染能力相对低，发病的概率就低；相反，当环境适宜病原菌的繁殖时，环境中存在的病原菌基数大，其侵染能力强，发病的概率就高。

病害的发生取决于菌种与病原菌的相对强弱，从某种意义上来看，菌种本身都是具有一定抗病性的，只要不断满足其对环境的要求，为其提供适宜的生长环境，保持其抗病能力，是可以抵御病害发生的。但是，从另一方面来讲，菌种的抗病性也是相对的，在菌丝体和子实体的生长发育过程中，每时每刻都有可能受到病原菌的侵染，因为在环境中病原菌始终是存在的，只要有病原菌存在，病原菌就有可能随时对菌丝体和子实体发起攻击进行侵害，并在一定的环境条件下发生病害。因此，杀灭或抑制环境中病原菌的繁殖，隔绝病原菌或阻断其传播途径，减少病原菌的侵染概率，对于防治病害的发生都是非常重要的。

总之，明确了侵染性病害发生的原理，从菌种、病原菌、环境之间的关系出发，在防治方法上可采取以下一些措施：

①选用抗病性、抗逆性、适应性强的白灵菇品种，并注意菌种不要退化或老化，各级菌种内不带有杂菌。

②材料灭菌要彻底，培养基所选材料要无霉变，并按照要求进行彻底灭菌，可采用发酵加高温灭菌，或者是高温间歇灭菌（也称二次灭菌）的方法，杀菌效果更好。

③把握好接种环节，要严格按照接种程序对接种室、接种工具及双手等进行彻底消毒，把握好正确的接种方法。对破损的菌袋要及时套袋或粘贴修补，口圈或纸盖脱落时要及时重新盖好。

④要始终保持室内外环境干净整洁，特别是易产生病菌的废菌袋、废材料等废弃物要远离培养室和菇房，并做覆盖或深埋处理。

⑤根据季节变化，适时调控室内温湿度，并根据温湿度情况进行通风，保持温度、湿度与通风的协调一致。

89. 危害白灵菇菌丝体的常见杂菌有哪些？如何防治？

在白灵菇各级菌种制作和出菇袋生产过程中危害菌丝体的常见杂菌主要是真菌和细菌。真菌类的有木霉、链孢霉、青霉、曲霉、毛霉、根霉、镰孢霉、链格孢霉、酵母菌等，由于这些真菌的侵染，在培养材料上常表现为发霉的症状，又称为霉菌。霉菌的生物学特征及共同的特点是有细胞壁，不含叶绿素，无根茎叶，以腐生方式生存，能进行有性繁殖，菌丝体比较发达但子实体很小。细菌类的有黄单孢杆菌、芽孢杆菌等。这些杂菌主要发生在菌丝体阶段与白灵菇菌丝体争夺养分，同时有些杂菌还可分泌出有毒物质抑制菌丝体生长。在出菇阶段直接侵害子实体的杂菌较少，但是在极端的高温、高湿与通风不良的情况下，出菇后期菌袋上也会发生杂菌而危害到子实体。

(1) 木霉菌（*Trichoderma* spp.） 木霉俗称绿霉，危害白灵菇栽培的种类主要有绿色木霉（*T. viride*）、康氏木霉

（*T.koningii*）等，是发生最普遍、危害范围广、致病力强的一类杂菌。

①绿色木霉。绿色木霉污染的特点是其菌丝体在与白灵菇菌丝体接触后发生缠绕，同时分泌出毒素切断并杀死白灵菇菌丝体。如果是在母种培养基上，先长出纤细略透明的菌丝体，然后变为白色絮状的菌丝体充满试管，接着很快产生绿色的分生孢子，同时在培养基内分泌出淡绿色的色素。在原种瓶或菌袋内发生污染时，患处首先出现白色、纤细、绒毛状的菌丝体，然后从菌落中心到边缘逐渐产生大量分生孢子，菌落也逐渐变为淡绿色至深绿色。在高温高湿的环境中，分生孢子通过气流等方式进行传播，孢子萌发形成的菌丝体在培养料中定植、蔓延和扩散，生长速度快，几天之内整个料面便基本上被木霉菌落占领，使培养料变为墨绿色。

②康氏木霉。康氏木霉症状特点是在试管培养基上，先长出微毛状无色的菌丝体，后变为纯白色的菌丝体，接着产生绿色的分生孢子，白灵菇菌丝体可与其产生一定的拮抗作用，但由于其生长迅速，菌落扩展很快布满试管，培养基不变色。在菌种瓶或菌袋内，先在培养料上长出白色致密的菌斑，然后迅速生长占满料面，并深入到料内继续生长，不断产生绿色的分生孢子，使菌袋从外到里逐渐变绿，最后发软腐烂。康氏木霉菌丝体能耐很高的二氧化碳浓度，在缺氧的情况下也能旺盛生长，在 $25\sim30\ ℃$ 生长最快，适宜在酸性条件下生长。

木霉孢子在 $15\sim30\ ℃$ 时萌发率最高，低于 $10\ ℃$ 或高于 $35\ ℃$ 萌发率较低。菌丝体在 $4\sim42\ ℃$ 都能生长，$25\sim35\ ℃$ 生长最快。木霉广泛分布于各种腐木、枯枝落叶、土壤和空气中，依靠孢子传播，常借助气流、水滴、昆虫、原料、工具及操作人员的手和衣服等为媒介，侵入培养基质或菇体上，一旦条件适宜便萌发、定植和蔓延，传播到新寄主。无菌操作不当，培养基碳水化合物过多、偏酸及高温高湿环境均有利于木霉发生。在菌种或出菇袋培养阶段，加强通风、降低湿度非常有效，根据白灵菇喜高温、高湿和偏酸的特点，注意控制环境温湿度，防止培养料偏酸。发菌期环境温度一般控制在 25 ℃以下，空气相对湿度低于70％。在菌袋上发生绿色木霉时，用 0.1％的甲基硫菌灵，或0.1％的多菌灵，或 1％的石灰水上清液涂抹或喷洒被害部位，可防止分生孢子扩散蔓延。用 2％甲醛和 5％石炭酸处理感染部位，能抑制杂菌生长。轻微发生时，注射 2％的甲醛、0.2％的多菌灵可抑制木霉生长。发生严重时污染菌袋要与未污染菌袋隔离，并采用高温或深埋等方法处理。

（2）链孢霉（*Neurospora* spp.） 链孢霉又称脉孢菌、串珠霉、红面包霉、红粉菌等，链孢霉是一种气生菌丝体生长迅速的气生霉，主要发生在 7～8 月间的高温季节。链孢霉菌丝体白色疏松、较长，呈网状，在气生菌丝体丛的顶部形成支链。链孢霉侵染白灵菇培养基后，生长极为迅速，2～3 天便可长满培养基。在感染的培养基表面，最初出现灰白色菌丝体，之后很快产生分生孢子。分生孢子在培养料上堆积成橘红色霉层，厚度可达数厘米。在受潮的试管棉塞或菌袋破口处，橘红色孢子堆呈球状长至外面，形成球状分生孢子团，稍受震动便纷纷散落，随媒介快速传播。在袋（瓶）内氧气不足时，就只长菌丝体不长孢子。白灵菇菌袋被链孢霉感染后，会形成厚的霉层隔绝空气，阻碍白灵菇菌丝体的生长和蔓延。在温湿度较高时，可在 1～2 天内传遍整个菇房。严重时所有菌袋都会被橘红色霉层覆盖，导致绝收，菇农戏称为"满堂红"。链孢霉侵染子实体时，能在短期内覆盖子实体，导致腐烂。

链孢霉防治首先是栽培料的灭菌要彻底，拌料时加入0.1％～0.2％的多菌灵，可以抑制链孢霉生长。制备菌种时，发现有链孢霉侵染的菌种必须报废；如果是制备栽培袋，发现链孢霉污染后及时降温与降低湿度，一般不会抑制白灵菇菌丝体生长；如果已经在瓶口、袋口或破裂处形成橘黄色孢子团，就要及时隔离或灭菌处理，千万不可在场内随意丢弃。如发现棉塞、胶布等处有较厚的粉红色霉层时，应及时滴上适量的甲醛、煤油或柴油，然后用薄膜包扎，可使霉层糜烂死亡。危害严重的，应及时清除、烧毁或深埋，防止分生孢子借气流再次扩散侵染。一旦发现污染后，要及时把污染源拿出室外，在远距离的地方进行掩埋或烧毁处理，防止出现二次污染。如果污染面较大时，要立即停止生产，待把全部的污染源处理完毕后，再对空气、墙壁、地面等整个环境进行一次彻底的杀菌消毒方可再进行生产。为了防止有可能出现的再污染，新生产的菌袋最好与旧袋隔离分开培养，以确保生产的顺利进行，否则，反复的污染将使一个生产季节颗粒无收，甚至会影响到全年生产计划的安排与实施。

(3) 青霉（*Penicillium* spp.） 青霉种类主要有产黄青霉（*P. chrysogenum*）和圆弧青霉（*P. cycbpiur*）等。青霉菌的菌丝体为白色，较细呈扭曲状。在培养料上初出现时为白色絮状菌丝体，逐渐形成一白色的小点，之后扩展为白色绒毛状平贴的圆形菌落，外观略呈粉末状，接着由气生菌丝体长出的对称分生孢子梗可以形成许多绿色分生孢子，菌落颜色逐渐由白色变为灰绿色或蓝色的粉状菌斑，在生长期菌落外圈常可见有一个宽1～2毫米的白色边缘菌落带。这种菌落扩展的速度较慢且有一定的局限性，即当菌落扩大到一定程度时，边缘会呈收缩状而基本不再扩展。但是其菌落上的绿色分生孢子在空气或人为的作用下，会飘落在培养料的其他部位或紧临其原菌落，继续萌发成大小不等的菌落，在这些菌落密集产生时就自然连接成片，菌落的表面再交织在一起，形成一层膜状物，不仅使培养料的透气性变差，严重阻碍白灵菇菌丝体的生长，同时还会分泌出毒素使菌丝体死亡。青霉菌在自然界中多分布在各种有机质上，青霉菌产生的分生孢子数量很多，分生孢子能在一两天内长出菌丝体，并很快形成新的分生孢子。青霉菌发生的适宜温度为28～30 ℃，多数青霉菌喜欢酸性环境，若培养料偏酸性，有利于青霉的发生和蔓延。

青霉与绿霉的主要区别是：绿霉菌落为亮绿色，油腻状；青霉菌落为灰绿色，有粉质感。青霉危害要低于绿霉，由于大部分青霉菌不与白灵菇菌丝体产生拮抗，因此，白灵菇菌丝体在适宜条件下生长旺盛时可以压制住青霉菌。在接种环境条件差、接种操作不严时常发生在原种瓶的瓶口、栽培种或出菇袋的袋口表面，因此，要保持接种间、培养室的干净卫生，严格按接种程序进行操作。发生青霉菌污染时要及时防治，菌袋局部感染时注射40%甲醛溶液，或50%多菌灵可湿性粉剂500倍液，或75%甲基硫菌灵可湿性粉剂800倍液。

（4）曲霉（*Aspergillus* spp.） 在白灵菇栽培中造成危害的主要有黄曲霉、黑曲霉、灰绿曲霉等。不同的曲霉菌在培养基上形成不同颜色的菌落，感染培养料后初期菌丝体为白色，形成孢子后呈现黄、黑、绿等不同颜色。如黑曲霉侵染培养料后，长出绒毛状菌丝体，但扩展性较差，形成黑粉状的分生孢子使菌落呈现黑色粉末状；黄曲霉初期菌丝体呈淡黄色，以后逐渐变为黄绿色，多发生在秋季；烟曲霉菌丝体呈蓝绿色至绿色；亮白曲霉呈乳白色；棒曲霉呈蓝绿色；杂色曲霉呈淡绿色、淡红至淡黄色。

曲霉菌落扩展有局限，到一定范围自行停止，当曲霉的菌落停止扩散，或当温度降低曲霉菌丝体不生长时，白灵菇的菌丝体可继续生长，最后可将曲霉菌落覆盖，进而继续出菇。虽对产量有一定影响，但不至于绝收。曲霉和其他杂菌一样，感染培养料后争夺营养，形成厚的霉层隔绝空气，阻止白灵菇菌丝体生长，有的曲霉能分泌毒素抑制和杀死白灵菇菌丝体，曲霉也会侵染子实体引起菇体腐烂。

曲霉广泛分布于土壤、空气及各种腐烂有机物上，靠分生孢子通过气流、水滴和其他媒介传播。曲霉菌适应温度范围广，并有嗜高温性，适于曲霉生长的温度为20～35 ℃，40～50 ℃时仍能生长。适于曲霉生长的空气相对湿度为65%～85%，高温高湿以及通风不畅的条件下易产生曲霉；曲霉易在接近中性的培养料中萌发。在温度 25 ℃以上、空气相对湿度 90% 以上及通气不良条件下，最易发生和扩散。曲霉主要利用淀粉获得营养，因此，凡有谷粒的培养基或培养料中含淀粉较多都易产生曲霉。曲霉有分解纤维素的能力，在木质的尤其是竹制的床架上也易滋生。刚发病时，要停止喷水、加强通风、降低温度，减缓曲霉生长。局部发生可用 80% 代森锌可湿性粉剂 500 倍液，或 pH 9～10 的石灰水，或 50% 甲基硫菌灵可湿性粉剂 500 倍液，或 50% 多菌灵可湿性粉剂 500 倍液涂擦或喷雾。

(5) 毛霉（*Mucor* spp.） 毛霉俗称"长毛菌"，常见种类有大毛霉（*M. mucedo*）、总状毛霉（*M. racemosus*）等。

在试管内培养基上发生污染时，毛霉菌丝体初期为灰白色呈絮状，产生孢子囊后逐渐变为有光泽的黄色或褐灰色。在菌种瓶或菌袋内发生污染时，初期会在培养料上长出灰白色粗壮稀疏的气生菌丝体，感染后生长极快，菌丝体扩散速度和范围都快于根霉，能快速生长布满料面，继续生长菌丝体会越来越密集，形成一个交织稠密的菌丝体垫，将培养料和空气隔绝，从而抑制白灵菇菌丝体的生长。后期在菌丝体垫上形成许多圆形灰褐色（大毛霉）、黄褐色（总状毛霉）、褐色（微小毛霉），后变为黑色小颗粒。毛霉菌丝体还可快速地深入料内生长，使菌袋变成黑色。

毛霉是一种喜热真菌和好湿性真菌，广泛存在于土壤、空气、陈腐稻、麦草和堆肥内。在高温高湿、培养料含水量大、通气不良的条件下，极易生长和蔓延。毛霉菌易发生在菌袋培养的初期，特别是培养料水分多、空气相对湿度大时适宜毛霉的生长。毛霉一旦发生生长极快，并产生大量的孢子，通过气流或水滴等媒介再次传播。毛霉的抗性较强，一般杀菌剂对其作用不大，因此应以预防为主，不要在闷热潮湿的环境下接种，在菌丝体培养过程中，注意温度、湿度与通风的管理，适当地降低空气相对湿度在 80% 以下，如果湿度较大时，一定要加大通风量，尽可能地保持较干燥的环境。培养料有毛霉感染时，可注射75％酒精或2％甲醛溶液。也可用pH 8.5的石灰水涂抹发病处，抑制病菌蔓延。

(6) 根霉（*Rhizopus* spp.） 根霉又称黑色面包霉、匍枝根霉，根霉菌和毛霉菌的形态、发生规律及危害状近似或相同。

根霉的代表病菌为匍枝根霉，又称黑根霉。受根霉侵染的试管母种培养基，初期会在培养基的表面出现灰白色或黄白色匍匐状菌丝体，匍匐菌丝体每隔一定距离就长出与基质接触的假根，通过假根从基质中吸取营养和水分。然后在基质表面产生许多黑色的圆球形颗粒状孢子囊，看起来就像许多倒立的大头针，这是根霉菌最明显的特点。在菌种瓶或菌袋内发生污染时，在料面出现匍匐枝并向四周蔓延。匍匐枝每隔一定的距离，便长出假根深入基质，假根从培养料中吸取营养和水分，后逐渐在基质表面0.1～0.2厘米高处形成许多圆球形的、含有孢子囊的小颗粒，初呈灰白色或黄白色，孢子囊成熟后破裂散出黑色的孢囊孢子，整个菌落外观如一片直立的大头针。

根霉广泛存在于自然界各种有机质上，根霉靠其孢子囊中的孢囊孢子通过气流传播，沉降在培养料表面后，在一定条件下即可萌发。培养料中碳水化合物过多更易发生。根霉在20～25℃时生长速度快，但不耐高温，37℃便不能生长。根霉属好湿性真菌，刚开始仅在料面或棉塞附近出现，一旦培养料的含水量大或空气相对湿度高时，便会迅速蔓延到料内，影响白灵菇菌丝体的正常生长。根霉喜欢偏酸环境，在潮湿的环境下生长旺盛，防治办法与毛霉相同。

(7) 镰孢霉（*Fusarium* spp.） 镰孢霉也称镰刀菌，是白灵菇栽培中较常见的杂菌。

白灵菇培养料被镰孢霉侵染后，先长出白色菌丝体，初期菌丝体较稀疏，后期镰孢霉不断繁殖使菌袋变为红色至紫红色。链孢霉分布在土壤及各种有机物上，既能腐生也能寄生。

孢子靠气流、水滴和其他媒介传播，也可由培养料携带传播。霉变的棉籽壳培养料等是引起镰孢霉感染的途径，在高温高湿、通气不良时易发生。防治链孢霉主要是要选用新鲜无霉变的培养料，用干料重量0.2％的50％多菌灵可湿性粉剂拌料，可预防镰孢霉发生。

(8) 酵母菌 酵母菌为不形成菌丝体的单细胞真菌。白灵菇母种被酵母菌污染后，在斜面培养基表面会形成光滑、湿润、糨糊状或胶质状的菌落，多数呈乳白色，少数呈粉红色或乳黄色。菌种瓶（袋）或栽培袋被污染后，会使培养料酸败，散发出酒酸味，使接种菌丝体无法生长。接种后10～15天易发生酵母菌，料内发热发酵，使pH下降，影响白灵菇菌丝体的生长。

酵母菌广泛分布在自然界中，大多腐生在植物残体、腐烂水果和腐烂蔬菜等有机物中。在温度高、通气差、含水量高的培养基上易发生，培养料灭菌不彻底，更易感染酵母菌。可用干料重0.2％的50％多菌灵可湿性粉剂或0.1％的70％甲基硫菌灵可湿性粉剂拌料，若局部发生酵母菌，可用50％多菌灵可湿性粉剂800倍液喷洒培养料，发现培养料酸度过高并散发出酒酸气味时，可用pH为13～14的石灰水喷洒培养料，使培养料酸碱中和，从而控制酵母菌的繁殖，有利于白灵菇菌丝体生长。

(9) 细菌 细菌是单细胞微小生物，营养体不具丝状结构，繁殖很快，数量大，种类多。它不仅是菌种分离、菌种制作和栽培中常发生的污染菌，而且还能感染子实体，引起细菌性病害。

细菌污染常见症状有产酸症、腐败症、湿斑症。在母种制作时发生的细菌污染比较明显，如果灭菌不彻底，在接种前就可发现培养基斜面上有点状或片状、白色或无色的黏液，说明试管已被细菌污染不能用。母种被细菌感染后，在培养基上长出乳白色、无色或其他颜色菌落，在接种块附近出现的细菌斑点不大时，如果菌丝体萌发很快，生长迅速，白灵菇菌丝体就会把细菌斑点覆盖，如果没有及时把这种被细菌污染的试管挑出来，这样的试管母种就不纯，易带杂菌，再转接母种或原种时还会造成新的污染。液体菌种受细菌污染后无法形成菌丝体球；分离材料或母种块被细菌感染后，菌丝体不能萌发和扩展，造成分离失败、菌种报废。原种或栽培袋发生污染时，培养料会发黏、发酸、发臭，菌丝体萎缩死亡。细菌污染栽培袋后，培养料变湿发黏，并有恶臭味，菌种菌丝体不能萌发和生长；污染子实体后，会产生干腐病、软腐病、菌褶滴水病、菌盖斑点病等，轻者使菇体畸形，重者可造成菇体腐烂死亡。细菌感染症状在斜面上表现明显，肉眼可以区分。

在白灵菇出菇阶段，如果用存放时间太长的水或河水等不洁净水喷洒菇体时，由于这些脏水中存在着大量的细菌等微生物，极易造成子实体的污染，特别是幼菇的死亡。

防治细菌污染首先要保证培养基以及器皿等灭菌彻底，严格按无菌操作规程进行操作。在已灭菌的母种培养基中加入微量的链霉素、庆大霉素或金霉素等抗生素，可起到抑制细菌生长的效果。接种后要仔细观察有无细菌污染，防止把带有细菌的菌种转接到原种中。原种、栽培种和出菇袋的培养料含水量要适宜，不宜太大，否则易在积水处发生细菌污染。在出菇期间喷水时，特别是在高温、高湿的条件下，要避免使用不卫生的脏水喷洒菇体。

90. 白灵菇生产中怎样防治菌蚊与瘿蚊？

在白灵菇栽培过程中发生的虫害主要是腐生性的害虫，俗称"腐烂虫"。其为害方式多以幼虫咬食菌丝体或子实体，大量发生后幼虫对菌丝体的危害最大，能在短时间内使菌袋两端的菌丝体消失，发生所谓的退菌现象，在子实体上则产生缺刻或孔洞。

(1) 菌蚊 多数菌蚊以幼虫为害白灵菇的菌丝体和子实体。幼虫有群居性，取食培养料及菌丝体，能把菌丝体咬断吃光，导致培养料变黑发臭。为害菌种时，由于虫数多，一瓶菌种可有数十头至上百头，常把菌丝体吃光，甚至把培养料吃成碎渣。菌蚊在培养料表面爬行作茧。三龄后的幼虫常蛀食子实体，一般先从柄基部为害，逐步向上钻蛀，后为害菌褶，严重时菌柄被蛀空，而且排有粪便，被害的子实体不能继续生长发育，受害子实体失去商品价值。

防治菌蚊首先要注意环境卫生。菌蚊食性杂，常聚集在不洁之处，如菇根、弱菇、烂菇及垃圾上。因此，要做好菇房内外的清洁卫生，彻底清除菇房及周围的腐殖质、垃圾和污水等物，以减少虫源，并用菊酯类农药喷洒或熏蒸杀虫。菌蚊能被白灵菇菌丝体所散发出的香味引诱进入菇房，因此菇棚（房）的门、窗及通气孔要安装 60 目的纱门、纱窗。及时清理菇根、碎片及烂菇，防止害虫滋生。可以利用菌蚊成虫的趋光性，用黑光灯或高压静电灭虫灯或日光灯进行诱杀。一般将灯挂在培养料上方约 60 厘米处，灯下放水盆或收集盘，盆内放 2.5% 溴氰菊酯乳油 60～80 毫升，5～7 天更换 1 次。若白灵菇出菇前菌蚊发生严重，可用 2.5% 的溴氰菊酯乳油 2 000 倍液喷杀。如果出菇后发生，在采菇后用 2.5% 的溴氰菊酯乳油 2 000 倍液喷杀。

(2) 瘿蚊 瘿蚊主要以幼虫在培养料为害菌丝体及菇蕾，使菌丝体死亡，幼蕾枯萎，随子实体生长，幼虫钻入菇柄，后潜入菌褶，取食菌柄和菌褶，尤其喜欢蛀食菌蕾弯曲部分，将表皮蛀成浅洞的同时排出褐色粪便，污染子实体使之变成褐色。幼虫数量大时，在培养料表面呈一层红色粉状物质，钻入菇体使菌膜处呈现橘红或淡黄色，湿度低时钻入菌肉浅表层。瘿蚊发生严重时可导致绝收。

瘿蚊喜欢生活于腐殖质及污水中。成虫有趋光性，在培养料及腐烂的子实体内产卵，常以幼虫进行繁殖，繁殖周期短，1周繁殖1代，短期内使虫口密度大增，造成严重危害。幼虫喜潮湿，有趋光性，在水中可存活多日，而在干燥条件下活动困难。

防治瘿蚊要注意以下几点。①要保持菇房周围清洁卫生，及时清理垃圾、污水、废料，铲除虫源滋生地。②在菇房门窗及通气孔安装纱网，阻止成虫飞入产卵。③培养袋进菇房前菇房要严格消毒及杀虫，用2.5%的溴氰菊酯乳油2000倍液喷洒地面、墙壁及床架，或用硫黄熏蒸。早期发现瘿蚊用2.5%的溴氰菊酯乳油2000倍液喷杀。1周内连续用药3～4次能杀死幼虫和成虫。但喷药应在采菇完成后进行。也可以利用瘿蚊成虫的趋光性，用黑光灯或高压静电灭虫灯或日光灯进行诱杀。④对发生较重的菇棚（房）停止喷水，使幼虫因培养料干燥停止取食和繁殖或缺水死亡。菇房瘿蚊大量发生时，可用2.5%的溴氰菊酯乳油1000倍液喷杀。当子实体受害时，可撒少量石灰于患处或将子实体摘下，使其干燥，幼虫自然死亡。

91. 白灵菇生产中如何防治蚤蝇与果蝇？

(1) 蚤蝇 又名粪蝇、厕蝇，以幼虫为害菌丝体和子实体。幼虫取食菌丝体，取食量大并有集中为害特性，能引起菌丝体迅速衰退和死亡。幼虫取食子实体，首先从菌蕾基部侵入子实体，在菇柄内上下穿梭活动，咬食柔嫩组织，使菇体组织变成松散的海绵状，最后整个菇蕾全被蛀食空，菌蕾变褐枯萎。大的子实体受害后，留下孔洞，失去商品价值。幼虫成熟后在培养料内化蛹，以成虫或蛹越冬。

蚤蝇发生严重的菇棚（房），常招致病害大流行，发生特点是来势猛、为害重。蚤蝇食性杂，分布广，成虫行动迅速，成虫在培养料内产卵，湿度越大，发生越严重。

防治蚤蝇首先要保证菇房内湿度不能过高，并尽量避免向菇体喷大水，要加强菇房管理，防止温度过高，在菇房门窗及通气孔安装纱网，防止成虫飞入，在采菇后用2.5%的溴氰菊酯乳油2 000倍液喷洒防治蚤蝇大发生。

（2）果蝇 主要种类有食菌大果蝇、黑腹果蝇、布氏果蝇、二点果蝇等。果蝇以幼虫为害菌丝体和子实体，当幼虫取食菌丝体和培养料时，使培养料发生水渍状腐烂；为害子实体时，由于幼虫蛀食菌柄和菌盖，导致子实体萎缩腐烂。果蝇成虫喜在腐烂水果、垃圾、培养料及其废料中取食和产卵。菌丝体香味可诱使成虫在培养料中产卵。果蝇生活周期短，繁殖率高，一年可繁殖多代。成虫有趋光性和趋腐性，防治办法与蚤蝇、瘿蚊相同。果蝇对糖醋液有趋性，可用白酒∶糖∶醋∶水以1∶2∶3∶4的比例配成糖醋液，再加几滴2.5%的溴氰菊酯乳油，置灯光下诱杀成虫。

92. 白灵菇生产中如何防治螨类、跳虫与线虫？

（1）螨虫 俗称菌虱，螨类喜欢栖息在温暖潮湿的环境中，常潜伏在秸秆、麸皮、米糠、棉籽壳等物料中产卵，随同培养料进入菇房；也可用吸盘吸附在蚊、蝇等昆虫体上随昆虫传入菇房。在25～28 ℃下繁殖迅速，有群聚性且为害严重。

螨类在白灵菇生产的各个阶段都能造成危害，能取食菌丝体和培养料，将菌丝体咬断，引起菌丝体萎缩衰退。螨钻入菌种瓶（袋）内后，咬食培养料和菌丝体，导致菌种报废。出菇菌袋螨类发生严重时，可将培养料内的菌丝体吃光，造成绝收。直接为害子实体时，咬食菌蕾和幼菇，引起菇蕾死亡，或使子实体表面形成不规则凹陷。

螨类的防治应采取"以防为主，综合防治"的措施，主要通过生态防治和理化防治来降低螨虫危害。①要保持栽培场、菌种场内及周围环境的卫生。有螨类菇房的废料要进行隔离封闭处理，菇房及床架材料要严格消毒。②要把好菌种的质量关，发生螨虫的菌种要坚决报废，发菌期间要经常检查有无螨害。③要消灭菇房内的蚊、蝇，防止害螨迁移、传播，蚊蝇类可以加快螨虫在菇房内及菇房间的传播，消灭蚊蝇可以切断害螨的主要传播途径。④可以利用螨对某些物质有趋避性的特点进行诱杀。如螨对肉骨香特别敏感，趋性强，可把肉骨头烤香后，置于菌床各处，待害螨聚集骨头上时，将其投入开水中烫死，骨头捞起后，可反复使用。

（2）跳虫　跳虫是一类体形较小无翅的有害昆虫，因之色泽为灰色或灰黑色并具跳跃性，故俗称香灰虫、烟灰虫、跳跳虫，为害菌类的有菇疣跳虫、紫跳虫、角跳虫、黑扁跳虫、黑角跳虫、姬园跳虫等。跳虫生长的适宜温度为 25 ℃左右，平时喜欢生活在潮湿隐蔽的草丛、杂物的堆放处或其他有机质丰富的场所，取食死亡腐烂的有机物质等，进入菇房后，以成虫为害取食菌丝体或子实体，一旦受惊随即跳离。

跳虫是菇房环境极差的指示害虫，可采用以下方法防治。出菇前可在发生跳虫的菇房中放置水盆，许多跳虫就会跳入水中。将 1 升水中加入 2.5％的溴氰菊酯乳油 1 毫升，再加入少量蜜糖，然后进行诱杀。时刻保持菇房环境卫生，菇房内不积水，清除干净菇房外周围杂草及废料等。

（3）线虫　线虫属种类多、分布广，为害严重的是滑刃线虫、食菌丝体线虫和小杆线虫。

线虫能为害菌丝体和子实体。有口针（吻针）的线虫通过口针（含有消化液）刺入被害的菌丝体内，消化液也同时进入菌丝体细胞内，吸食和消化菌丝体细胞的营养物质，从而使菌丝体生长受阻，甚至萎缩消失。有时播种后菌丝体已生长，但不久菌丝体逐渐消失（俗称退菌现象），大多是与线虫的严重危害有关。没口针的线虫用头快速而有力地搅动，可使菌丝体断裂成碎片，然后再吸吮或吞食菌丝体碎片。白灵菇被线虫侵害后，菌丝体出现退菌，培养料变潮湿腐烂状。子实体受害呈软腐水渍状，变为腐黄或腐褐色。

线虫喜欢栖息在高温富含腐殖质场所。线虫可通过培养料、喷水、工具及操作人员进行传播。在 23～28 ℃、培养料含水量偏高情况下繁殖迅速，为害严重。线虫体形小，活动范围小，通常以身体的蠕动在基质微孔中穿行移动，活动时需要有水膜存在。因此，在培养料含水量偏高时，线虫的活动和为害比较严重。线虫在水中有成团现象，常成团聚集在瓶（袋）壁上。线虫在培养料中，很少以单一的种存在，通常为两种或两种以上混合发生，但其比例却差异很大，有明显的优势种。用不清洁的水喷雾或旧菇房残存的休眠虫体和虫卵没有彻底消灭，是线虫的主要来源。此外，线虫也可随雨水漂流或蚊、蝇飞迁等到处侵染为害，为其他病原菌创造入侵的条件，从而诱发各种病害的发生，造成交叉侵害。

对线虫的防治要注意以下几点。①应利用线虫对高温的忍耐力很弱的特征，将培养料进行发酵或灭菌，以杀死潜藏在料中的线虫。②搞好栽培场所卫生，及时清理垃圾和废物，使用前彻底消毒。菇房用 1% 的石灰水或 1% 的漂白粉喷洒。③菇房用水应干净，不使用不洁净的水或污染水。④发生线虫时，喷 1% 的石灰水或 1% 的食盐水，并在地面撒石灰有较好的防治效果；线虫发生严重的菇房，2～3 年轮换 1 次，以改善环境条件。⑤出菇前发生线虫为害，应停止喷水，比较干燥的环境有利于抑制线虫的活动。最后要及时清除烂菇、废料。

93. 白灵菇适宜采收的时间与标准是什么？

白灵菇从催蕾到现蕾需要 15 天左右，从现蕾到采收大约要 15 天。白灵菇采收的适宜时间由菌盖是不是充分展开和边缘是不是有卷边来确定，当菌盖已平展且边缘仍有卷边时，是采收的适宜期；如果菌盖边缘已平展或上翘，说明菇体已成熟老化，采收过早或过晚白灵菇会影响其商品价值。

白灵菇在采收前一天应停止喷水并适当通风降湿，使白灵菇表面略显干燥，增加菇体柔韧性，便于采收和贮藏。采收标准是菌盖充分展开呈手掌状，边缘略内卷，重量在 100～200 克，菌盖长至 10 厘米以上，符合商品菇标准。采收时先洗净双手，一手拿住菇体，用锐刀沿培养基表面把菇体完整的采收下来，将黏附在菇体表面的异物去掉并切去菇根，边采收边进行初步整修，按大小分别放入干净的塑料泡沫箱中，要保持菇体的完整与洁净。白灵菇延迟采收，菇体长得大，虽然能增加产量，但菌盖太大会使菇质不好，质量下降。

94. 白灵菇采后如何保鲜？

白灵菇鲜菇采收后应立即进行保鲜加工，否则菇体易变劣甚至腐烂。常用的保鲜方法有以下几种：

(1) 低温贮藏保鲜 采收后的白灵菇在进冷库前应先进行预冷，使冷藏的白灵菇接近冷库的贮藏温度。预冷的作用一方面可防止白灵菇骤然降温而出现结露现象，另一方面可降低制冷系统的负荷，冷库内温度不会出现大的波动。预冷一般是先将菇体放入 5～6 ℃的风冷式冷库内进行排湿，使菇体含水量控制在 65％

左右，再放入保鲜泡沫箱内，使库内温度控制在 0～2 ℃，冷藏期间应尽量控制不出现大幅度和持久性的温度变化现象，为保持新鲜菇体的膨胀状态，不出现萎缩，冷库的空气相对湿度应控制在 90％左右，冷藏保鲜期一般为 10～15 天。

(2) 气调保鲜 具体方法是将分级后的新鲜白灵菇装入保鲜塑料袋内，通过气调设备调整袋内气体组成，使氧气浓度降至 2％，二氧化碳浓度保持 10％左右，抑制白灵菇的新陈代谢，保鲜期一般为 3～5 天。

采用气调保鲜实质上是通过保鲜膜创造一个微环境，使白灵菇在这个微环境中与外界环境处于隔绝或半隔绝状态，降低白灵菇的代谢速率或避免外来微生物侵入，达到贮藏保鲜的目的，采用气调保鲜与低温冷藏结合的方法保鲜效果更好。

(3) 辐射保鲜 是一种物理贮藏方法，利用穿透力强的 β 射线或 γ 射线辐照白灵菇，以杀死微生物，破坏酶活性，延缓菌体内代谢进程，降低开伞率，从而达到贮藏保鲜的目的。辐射保鲜加工效率高，可以连续作业，适宜自动化生产，是一种具有广阔前景的保鲜方法。

辐射保鲜方法一般是把白灵菇鲜菇装在多孔的聚乙烯塑料袋内，放入照射室内用 ^{60}Co 射线照射，照射剂量 2 000～3 000 戈，照射时间 15 分钟左右，经照射的白灵菇水分蒸发少，失重率低，能明显抑制褐变等现象。

95. 白灵菇如何进行干制加工？

干制白灵菇是一种常用的加工方法，经干制后可长期存放，干制技术有冷却速冻干燥、微波干燥、远红外干燥、减压干燥等，一般常用的是晒干和热烘干两种方法。

(1) 晒干 是一种利用日光照射、风吹等自然条件蒸发掉菇体内水分的方法。晒干方法简单易操作，干制成本低。但晒干会受到自然条件制约，如遇到阴雨天或光照不足，会造成菇体的色泽加深或变质等。此外，晒干过程中，如果环境中的湿度大，则菇体干制后的含水量在15％左右，含水量偏高。

晒干干制过程如下：白灵菇菇体肥大，进行晒干时必须先进行切片。根据客户需求的不同，将白灵菇进行对半剖开或切成厚度2厘米的薄片进行干制。干制宜在晴天进行。由于白灵菇组织致密，水分不易散发，因此，对菇片日晒1天后，再用烘干机进行烘干效果较好。

（2）**烘干** 利用炭火、电炉、红外线等一些热源，在较短时间内使鲜菇脱水的方法。烘干应具备烘房及配套的设备，一次性投入较大，常用的有烘箱、热风式烘干机、烘烤炉、烟道式烘干房等。烘干不受外界气候影响，时间短，效率高，干制的菇片色泽好，香浓，品质佳，烘干后菇片含水量在10％～13％，符合干品质量要求。

96. 白灵菇罐头如何制作？

白灵菇罐头是将新鲜的白灵菇经过一定的预处理，装入特制的容器中，经过排气、密封和杀菌等工艺，防止菇体变质，在较长时间内保藏的加工方法。

白灵菇罐头加工工艺流程：原料菇的选择→漂洗分级→杀青→冷却→切片→装罐→注液→排气、密封→杀菌→冷却→检验→入库。

（1）**原料菇选择** 选择无病虫害，颜色正常，无畸形，完整无破损的菇体，用不锈钢刀切去过长的菌柄，切面保持平整。

（2）**漂洗分级** 菇柄切除后放入流水槽中洗涤，按照不同的规格分级，也可在热烫后再分级。

（3）杀青　先把水烧开，再把鲜菇倒入煮15分钟左右。也可在96℃的蒸汽中蒸10～16分钟。杀青的作用主要是破坏多酚氧化酶的活性，抑制酶促变，排出菇体组织内的空气，使组织收缩软化，减少脆性，增加弹性便于切片和装罐，还能有利于保持菇体的营养和风味。

（4）冷却　经蒸煮杀青后的白灵菇立即放在流水中或冷水中冷却，时间以30～40分钟为宜。冷却时间不能过长，否则营养流失太多，风味和香味都受损失。

（5）切片　把经过杀青、冷却的白灵菇切片备用。

（6）装罐　装罐前应检查空罐的质量和清洁情况，剔除不合格的空罐。空罐在使用前最好用80℃的热水消毒清洗一遍，然后按切好的白灵菇薄片装罐，要求薄片大小均匀，排放整齐，分装时一定要把料装足，由于灭菌后会失重，即罐内菇体重量减少，因此，在装罐时应多加规定量的10%～15%。

（7）注液　装罐后加注汤液，汤液应加满。为了增进营养和风味，热烫时的杀青水配为汤液更好，汤液一般含2%～3%的食盐和0.12%的柠檬酸，或加入0.1%的抗坏血酸。

（8）排气、密封　排气的目的是除去罐内的空气，有以下两种方法。①原料菇装罐注液后不封盖，通过加热排气后封盖，在排气过程中，通过加热升温，使原料中滞留或溶解的气体排出；②真空抽气后，再封盖。排气后用压盖机封罐，防止外界空气和有害微生物侵入。

（9）杀菌　封罐后应尽快灭菌，采用高压蒸汽灭菌，通过高温短时间杀菌保持产品的质量。杀菌温度为113～121℃，杀菌的时间根据罐容量的大小，为35～60分钟。

（10）冷却　灭菌后立即放入冷水中冷却，冷却时水温应逐步降低，以免玻璃罐头瓶破裂，冷却到35～40℃，把罐头瓶取出擦干。

（11）检验、入库　抽样检验罐头质量，确认产品质量合格后，打印标记、包装并入库贮藏。

97. 出菇结束后怎样清理菇棚？

白灵菇采菇结束后的菇棚清理主要是清除菌渣，环境清理和消毒等措施。

(1) 清除菌渣　白灵菇生产结束后，一般正值春末夏初，温度上升较快，极易发生病虫危害。为了减少和避免病虫害的发生，维护菇棚的卫生，产后的菌渣一定要及时清除。具体方法是将菌渣整袋装车，运至远离菇场的地方，进行无害化处理。

(2) 菇棚环境清理　菌渣清出菇棚后，要及时清理地面，清除残余菌渣、残菇及其他杂物，然后对地面、墙体和棚架进行喷水清洗。

(3) 菇棚环境消毒　先用 5% 左右的石灰水对地面、墙体、棚架等进行喷洒，对木霉、青霉、脉孢霉以及细菌等杂菌起到一定的杀灭或抑制作用。然后用 40% 甲醛溶液或 50% 多菌灵可湿性粉剂 500 倍液，以及 70% 的甲基硫菌灵可湿性粉剂 800 倍液等对菇棚进行彻底的消毒处理。

98. 白灵菇出菇后的废菌渣如何实现无害化处理？

白灵菇产后的菌渣中还有大量的营养物质，运出菇棚后无害化处理的主要方法如下。

(1) 二次利用种菇　白灵菇产后的菌渣还有大量的可供利用的营养物质，通过在废菌渣中添加 30%～70% 的新料，可以用来生产鸡腿菇、平菇、秀珍菇等，一般常用栽培配方有以下几种。

栽培鸡腿菇配方：白灵菇废料 55 千克，作物秸秆如豆秸、玉米秸等（粉碎）35 千克，麸皮 2 千克，豆饼粉 5 千克，石膏 1 千克，生石灰 4 千克，含水量 60%～65%。

栽培平菇配方：白灵菇菌渣 50 千克，棉籽壳 40 千克，豆饼粉 5 千克，石膏 1 千克，生石灰 4～6 千克，含水量 60%～65%。

栽培秀珍菇配方：白灵菇菌渣 50 千克，棉籽壳 38 千克，玉米粉 10 千克，石灰 1.5 千克，含水量 60%～65%。

(2) 饲料添加 白灵菇废菌袋内的培养料粗蛋白、粗脂肪等仍有较高的含量，纤维素、半纤维素、木质素等被菌丝体降解后，既增加了原料中有效营养成分的含量，又提高了营养物质的消化利用率，还增加了适口性和安全性，经适当加工处理，可添加在饲料中饲养畜、禽等。

(3) 生产有机肥 废菌渣可作为生物有机肥和无土栽培基质的生产原料。废菌渣具有良好的持水和透气能力，可以改善土壤营养状况，改善黏性土壤的团粒结构，使土壤疏松，增强土壤的透气性、透水性和持水能力，并在一定程度上有利于植物对病虫害的抵抗。

99. 白灵菇反季节栽培需具备哪些条件？

白灵菇的所谓反季节栽培，是指在外界非常不适宜白灵菇生长的温度气候条件下进行的栽培。一般白灵菇顺季出菇生产通常安排在早春，气温在 10～20 ℃，昼夜温差在 10% 以上。从我国大部分地区来讲，白灵菇的反季节栽培时间有两季，一个是夏季，一个是秋季，此外，在出菇场地和出菇时间等方面也要有合理的安排。

(1) 出菇场地 在夏、秋季反季节栽培中，应选择高海拔山区的半地下菇房、林地遮阳棚等温度较低的地方。周围最好有泉水、井水、山涧水，这样便于越夏出菇时降温或产生温差而促进原基形成。所谓半地下菇房，就是一半建在地表以下一半建在地面上，地下部分1.2～1.5米不等，地上部分1～1.2米。其建造非常简单，可选择背阴的地块，向下挖出一定深度，把挖出的土堆积在四周或打成土墙，建成一面高一面低以利于走水，设置好通风口，再把棚架搭好，盖上塑料膜和草帘就可使用。半地下菇房的优点是建造容易、成本低，夏季比地面菇房的温度低，而且湿度大、稳定、易控制，适宜白灵菇生长发育的需要。

（2）**出菇时间** 为了避免极端气候给反季节栽培造成损失，要合理地安排出菇时间，使出菇期尽可能地避开极端的高温天气。根据不同海拔高度的气候条件，以及白灵菇对出菇温度的要求，把出菇期安排在最适宜的温度条件下。首先应调查本地区的气候资料，依据当地历年逐月（或逐旬）平均最高、最低、极端最高和最低等气温气候资料编制成白灵菇反季节栽培安排表，然后依据白灵菇出菇温度要求，确定最适温度的出菇期。出菇期确定后，向前推130～150天，分别确定白灵菇母种、原种、栽培种、出菇袋的制菌最适时期的始日和终日。白灵菇冬春制种期内温度低，室内养菌前期必须给予增温，使室内温度保持在23℃左右。

（3）**出菇模式** 在夏、秋季反季节栽培中，采用覆土出菇的方法是一种好的栽培模式。这样出菇的好处是，覆土后土壤的温度比气温低很多，而且较稳定，菌袋免受外界高温气候的影响，同时菌丝能够不断地从土壤中吸取水分，菌袋中的培养料基本不会出现缺水的现象，使子实体更易获得养分，菇形圆整肥大，柄短不易开伞，产量稳定。覆土栽培畦面一般按南北走向，畦面宽1.1～1.3米，长度不限，留宽50厘米、深30厘米的走道。畦面先撒一层石灰，再用80%的敌敌畏乳油800倍液和50%的辛硫磷乳油600倍液、高锰酸钾600倍液各喷雾一次，以防地下害虫和杂菌。菌袋达到生理成熟后，即可将菌袋排放在畦面上，用刀片纵向划破塑料袋脱袋，一袋紧靠一袋平卧于畦面上，用土质疏松、不易板结、保湿性好、无杂菌和虫卵并拌入5%石灰的潮沙土或火烧土填满菌筒间的缝隙，并注水加土，直至使菌筒间缝隙充实，畦边用烂泥堵严，防止旁边出菇。覆土后，每天喷雾状水1次，使土层湿润。现蕾后，加强通风，保持土层湿润，一般不喷水，气温高于25℃时，白天走道灌水，夜间排水，进行温差刺激，干湿交替管理，结合光照、通风等因素进行调控，促进现蕾。

100. 白灵菇反季节栽培需要注意哪些问题？

白灵菇反季节栽培对于菇农来讲，由于经济能力有限，生产设施条件差，无法抵御生产过程中出现的极端天气，所以要正确地理解反季节栽培，并不是说反季节就是温度越高越要生产，这也是相对的，其主要目的是在适宜的条件下，尽可能地弥补生产的空隙，实现提早上市或延长产品的市场供应时间。选择在白灵菇产品市场供应短缺的阶段出菇，要求在制种和下料生产之前做好计划，尽量错开夏季的极端高温天气。

在反季节栽培中，除了充分满足白灵菇生长发育所需的生态环境条件外，更主要的是必须按照白灵菇栽培的技术要求，制定更加严格的生产技术规程。特别是在出菇管理中，要更加严格地规范农药的使用要求，因为反季节栽培中，病虫害最容易发生，一旦病虫害发生后，在不适的环境条件下，很难对病虫害做到彻底控制。因此，反季节栽培与顺季栽培相连接，实现周年生产，除了安排好制种、发菌、出菇各个环节外，首先应做好隔离工作，发菌与出菇场地应严格分开，并定时消毒灭菌，清除废袋，避免病虫害交叉感染。如出现交叉感染时，应暂停发菌工作，彻底消除病虫害污染源外，再重新启动生产程序。否则，在生产过程中将出现边生产、边污染，生产越多、污染越多的不利局面，给生产造成较大的损失。

反季节栽培管理要点及应采取的措施如下：

(1) 后熟处理 晚春制袋接种的菌袋，菌丝走满袋后，随着气温升高，为避免烂筒，后熟期菌袋的上限温度不能超过 25 ℃，超过 25 ℃会导致白灵菇菌丝体生长势衰退，菌袋表面菌皮过厚，消耗了大量的养分，造成产量下降或易发生畸形菇。

(2) 催蕾方法 采用干湿交替，拉大昼夜温差等促进自然现蕾。在出菇前给予低温处理，低温处理温度要求在 0～8 ℃、10 天左右。低温处理刺激结束后，即可进入白灵菇出菇阶段的管理。

(3) 水分管理 要求早晚各喷清洁冷水 1 次，白天盖紧薄膜，加厚菇棚覆盖物，使菇床免受外界热空气影响，保持菇床较低温度，午后视气温上升情况，可向菇房顶棚喷水降温，在畦沟内灌水降温和调节菇床温度及菇房的湿度。

(4) 及时采收 根据标准及时采收，菇盖未开伞，个大肉厚为标准。反季节出菇气温高，子实体容易开伞，为提高商品率，要求每天清早和傍晚各采摘 1 次。

(5) 虫害防治 反季节栽培处于高温期，害虫猖獗，如果防治措施不到位，将会严重影响产量及菇品的质量。防治措施：①彻底清理虫源，应对菇棚周围的厕所、鸡舍、猪牛羊圈以及垃圾堆等进行彻底清理。最好能将其迁移。如无法迁移的，可予以定期喷药杀虫处理。使用药物主要是敌敌畏等。尤其应注意大型粪堆中的虫卵，其中菌蚊、粪蝇类虫卵可通过高温发酵、表面喷药等措施进行杀灭，以杜绝虫源。②棚外定期用药，连片棚区，可采取联合或集中用药的方式。对棚外 50 米的范围，每周集中用药 1 次。药物为敌敌畏溶液。对独立菇棚，可在菇棚四周定期用药。尤其是雨后的 1～2 天内用药效果最理想。三是设置菇棚防护，对菇棚的通风口、门口等与外界相通的地方，应加封高密度防虫网，或采用普通窗纱加一层棉质口罩布的方式，杜绝菇蚊、菇蝇类成虫飞入。

附　录

附录1　白灵菇等级规格

(NY/T 1836—2010)

1　范围

本标准规定了白灵菇的等级规格要求、包装和标识。

本标准适用于白灵菇鲜品。

2　规范性引用文件

下列文件中的条款通过本标准的引用而成为本标准的条款。凡是注日期的引用文件，其随后所有的修改单（不包括勘误的内容）或修订版均不适用于本标准，然而，鼓励根据本标准达成协议的各方研究是否可使用这些文件的最新版本。凡是不注日期的引用文件，其最新版本适用于本标准。

GB/T 191　包装储运图标标志

GB/T 6543　瓦楞纸箱

GB 7718　预包装食品标签通则

GB 8868　蔬菜塑料周转箱

GB 9687　食品包装用聚乙烯成型品卫生标准

GB 9688　食品包装用聚丙烯成型品卫生标准

GB 9689　食品包装用聚苯乙烯成型品卫生标准

GB 11680　食品包装用原纸卫生标准

GB/T 12728　食用菌术语

国家质量监督检验检疫总局　定量包装商品计量监督管理办法

3　术语和定义

GB/T 12728　确立的以及下列术语和定义适用于本标准。

3.1

异色斑点 different color spot

因水渍等原因在菌盖表面产生的黄色或褐色斑块。

3.2

褐变菇 brown fruit body

因物理、化学、生物等因素影响而产生变色的白灵菇子实体。

3.3

残缺菇 disintegrated fruit body

部分破损引起残缺的子实体。

4　要求

4.1　等级

4.1.1　基本要求

根据对每个级别的规定和允许误差，白灵菇应符合下列基本要求：

——无异种菇；

——无异常外来水；

——无异味、霉变、腐烂；

——无虫体、毛发、动物排泄物、泥、蜡、金属等杂质。

4.1.2　等级划分

在符合基本要求的前提下，白灵菇分为 A 级、B 级和等外级。各等级应符合表 1 的规定。

表1　白灵菇等级划分

项 目	A 级	B 级	等外级
菌盖形状	掌状形或扇形、近圆形，未经形状修整，菇形端正，一致，有肉卷边	菇形端正，形状较一致	形状不规则
颜色	菌盖白色，光洁，无异色斑点	菌盖洁白，允许有轻微异色斑点，菌褶奶黄	菌盖基本洁白，菌盖带有轻微异色斑点，菌褶奶黄
菌盖厚度，mm	≥35	≥25	不限定
菌褶	密实、直立	部分软塌	不限定
单菇质量，g	150～250	125～225	不限定
柄长，mm	≤15	≤25	不限定
硬度	子实体组织致密，手感硬实、有弹性	子实体组织较致密，手感较硬实	组织较松软
褐变菇，%	无	＜2	＜5
残缺菇，%	无	＜2	＜5
畸形菇，%	无	＜5	不限定

4.1.3　允许误差范围

等级的允许误差范围按其质量计：

a）A 级允许有 8% 的产品不符合该等级的要求，但同时应符合 B 级的要求；

b）B 级允许有 12% 的产品不符合该等级的要求，但同时应符合等外级的要求；

c）等外级允许有 16% 的产品不符合该等级的要求，但符合基本要求。

4.2　规格

4.2.1　规格划分

以菌盖大小来划分白灵菇的规格，分 3 种规格，规格的划分应符合表2的要求。

表2 白灵菇规格

类 别	小（S）	中（M）	大（L）
菌盖大小 纵径×横径，mm	90～105× 80～90	105～125× 90～115	125～180× 115～140
同一包装内白灵菇菌 盖纵径差值，mm	≤10	≤25	≤25

4.2.2 允许误差范围

规格的允许误差范围按其质量计：

a）A级允许有8％的产品不符合该规格的要求；

b）B级允许有12％的产品不符合该规格的要求；

c）等外级允许有16％的产品不符合该规格的要求。

5 包装

5.1 包装要求

同一包装箱内，应为同一等级、同一规格的产品，包装内的产品可视部分应具有整个包装产品的代表性。

5.2 包装方式

白灵菇可使用食品包装纸或其他食品包装材料包裹后，外包装采用聚苯乙烯包装箱。包装体积可根据客户需求制定。

5.3 包装材质

5.3.1 白灵菇运输包装为聚苯乙烯包装箱，包装材质应符合GB 9689 和 GB 6543 的规定。

5.3.2 白灵菇内包装所使用的包装材料应符合 GB 11680、GB 9687 和 GB 9688 的规定。

5.4 单位包装中净含量及其允许偏差

单位包装净含量应符合国家质量监督检验检疫总局发布的

《定量包装商品计量监督管理办法》之规定，按表3要求进行。

表3 白灵菇单位包装的净含量及其允许偏差

单位净含量	允许负偏差
≤5kg	5.0%
5kg～10kg	1.5%

5.5 限度范围

每批受检样品质量不符合等级、大小不符合规格要求的允许误差，按所检单位的平均值计算，其值不应超过规定的限度，且任何所检单位的允许误差值不应超过规定值的2倍。

6 标识

包装标识应符合 GB/T 191 和 GB 7718 的规定，内容包括产品名称、等级、规格、产品的标准编号、生产单位及详细地址、产地、净含量和采收、包装日期，若需冷藏保存，应注明保藏方式。标注内容要求字迹清晰、规范、完整。

7 参考图片

白灵菇不同等级、规格及包装方式的实物彩色图片见图1、图2、图3（略）。

附录2　杏鲍菇和白灵菇菌种

（NY 862—2004）

1　范围

本标准规定了杏鲍菇（*Pleurotus eryngii*）和白灵菇（*Pleurotus nebrodensis*）各级菌种的质量要求、试验方法、检验规则及标签、标志、包装、贮运。

标准适用于杏鲍菇（*Pleurotus eryngii*）和白灵菇（*Pleurotus nebrodensis*）的母种（一级种）、原种（二级种）和栽培种（三级种）。

2　规范性引用文件

下列文件中的条款通过本标准的引用而成为本标准的条款。凡是注日期的引用文件，其随后所有的修改单（不包括勘误的内容）或修订版均不适用于本标准，然而，鼓励根据本标准达成协议的各方研究是否可使用这些文件的最新版本。凡是不注日期的引用文件，其最新版本适用于本标准。

GB 191　包装储运图示标志

GB/T 4789.28　食品卫生微生物学检验　染色法、培养基和试剂

NY/T 528　食用菌菌种生产技术规程

3　术语和定义

下列术语和定义适用于本标准。

3.1

母种 stock culture

按 NY/T 528 规定。

3.2

原种 mother spawn

按 NY/T 528 规定。

3.3

栽培种 spawn

按 NY/T 528 规定。

3.4

拮抗现象 antagonism

具有不同遗传基因的菌落间产生不生长区带或形成不同形式线形边缘的现象。

3.5

角变 sector

因基因变异或感染病毒而导致菌丝体变细、生长缓慢，造成菌丝体表面特征成角状异常的现象。

3.6

高温圈 high temperature – line

菌种在培养过程中受高温和氧气不足的不良影响，出现的圈状发黄、发暗或菌丝体变稀变弱的现象。

3.7

生物学效率 biological efficiency

单位质量的培养料（风干）培养产生出的子实体或菌丝体质量（鲜重），用百分数表示。如培养料 100kg 产生新鲜子实体 50kg，生物学效率为 50%。

3.8

种性 characters of strain

按 NY/T 528 规定。

3.9

菌龄 spawn running period

接种后菌丝体在培养基物中生长发育的时间。

3. 10

菌皮 coat

菌种因菌龄过长，在基质表面形成的皮状物。

4 要求

4.1 母种

4.1.1 容器规格

符合 NY/T 528 规定。

4.1.2 感官要求

母种感官要求应符合表1规定。

表1 母种感官要求

项　目		要　求
容器		洁净、完整、无损
棉塞或无棉塑料盖		干燥、洁净、松紧适度，能满足透气和滤菌要求
斜面长度		距棉塞 40mm～50mm
接种量		（3mm～5mm）×（3mm～5mm）
菌种外观	菌丝体生长量	长满斜面
	菌丝体特征	洁白、健壮、棉毛状
	菌丝体表面	均匀、舒展、平整、无角变、色泽一致
	菌丝体分泌物	无
	菌落边缘	较整齐
	杂菌菌落	无
	虫（螨）体	无
斜面背面外观		培养基无干缩、颜色均匀、无暗斑、无明显色素
气味		特有的香味，无异味

4.1.3 微生物学要求

母种微生物学要求应符合表2规定。

表2　母种微生物学要求

项　目	要　求
菌丝体生长状态	粗壮、丰满、均匀
锁状联合	有
杂菌	无

4.1.4　菌丝体生长速度

4.1.4.1　白灵菇在 25 ℃±1 ℃下，在 PDPYA 培养基上，10 d～12 d 长满斜面；在 90 mm 培养皿上，8 d～10 d 长满平板；在 PDA 培养基上，12 d～14 d 长满斜面；在 90 mm 培养皿上，9 d～11 d 长满平板。

4.1.4.2　杏鲍菇在 PDA 培养基上，在 25 ℃±1 ℃下，10 d～12 d 长满斜面；在 90 mm 培养皿上，8 d～10 d 长满平板。

4.1.5　母种栽培性状

供种单位所供母种应栽培性状清楚，需经出菇试验确证农艺性状和商品性状等种性合格后，方可用于扩大繁殖或出售。产量性状在适宜条件下生物学效率杏鲍菇不低于 40%，白灵菇不低于 30%。

4.2　原种

4.2.1　容器规格符合 NY/T 528 规定。

4.2.2　感官要求原种感官要求应符合表3规定。

表3　原种感官要求

项　目	要　求	
容器	洁净、完整、无损	
棉塞或无棉塑料盖	干燥、洁净，松紧适度，能满足透气和滤菌要求	
接种量（接种物大小）	≥12 mm×12 mm	
菌种外观	菌丝体生长量	长满容器
	菌丝体特征	洁白浓密，生长健壮
	培养物表面菌丝体	生长均匀，无角变，无高温圈

（续）

项　目		要　求	
菌种外观	培养基及菌丝体	紧贴瓶（袋）壁，无明显干缩	
	杂菌菌落	无	
	虫（螨）体	无	
	拮抗现象	无	
	菌皮	无	
	出现子实体原基的瓶（袋）数	杏鲍菇	≤3%
		白灵菇	无
气味	具特有的香味，无异味		

4.2.3　微生物学要求

原种微生物学要求应符合 4.1.3 表 2 规定。

4.2.4　菌丝体生长速度

在培养室室温 23 ℃±1 ℃下，在谷粒培养基上 20 d±2 d 长满容器，在棉籽壳麦麸培养基和棉籽壳玉米粉培养基上 30 d～35 d 长满容器，在木屑培养基上 35d～40d 长满容器。

4.3　栽培种

4.3.1　容器规格

符合 NY/T 528 规定。

4.3.2　感官要求

栽培种感官要求应符合表 4 规定。

表 4　栽培种感官要求

项　目	要　求
容器	洁净、完整、无损
棉塞或无棉塑料盖	干燥、洁净，松紧适度，能满足透气和滤菌要求
培养基上表面距瓶（袋）口的距离	50 mm±5 mm

（续）

项　目	要　求	
菌种外观	菌丝体生长量	长满容器
	菌丝体特征	洁白浓密，生长健壮，饱满
	不同部位菌丝体	生长均匀，色泽一致，无角变，无高温圈
	培养基及菌丝体	紧贴瓶（袋）壁，无明显干缩
	培养物表面分泌物	无
	杂菌菌落	无
	虫（螨）体	无
	拮抗现象	无
	菌皮	无
	出现子实体原基的瓶（袋）数	杏鲍菇　≤5％
		白灵菇　无
气味	具特有的香味，无异味	

4.3.3　微生物学要求

栽培种微生物学要求应符合4.1.3表2规定。

4.3.4　菌丝体生长速度

在培养室室温 23 ℃±1 ℃下，在谷粒培养基上菌丝体长满瓶应 20 d±2 d，长满袋应 25 d±2 d；在其他培养基上长满瓶应 25 d～35 d，长满袋应 30 d～35 d。

5　抽样

5.1　母种按品种、培养条件、接种时间分批编号，原种、栽培种按菌种来源、制种方法和接种时间分批编号。按批随机抽取被检样品。

5.2　母种、原种、栽培种的抽样量分别为该批菌种量的10％、5％，1％。但每批抽样数量不得少于10支、瓶（袋）；超过100

支、瓶（袋）的，可进行两级抽样。

6 试验方法

6.1 感官检验

感官要求检验方法按表5逐项进行。

表5 感官要求检验方法

检验项目	检验方法	检验项目	检验方法
容器	肉眼观察	接种量	肉眼观察、测量
棉塞、无棉塑料盖	肉眼观察	气味	鼻嗅
培养基上表面距瓶（袋）口的距离	肉眼观察和测量	外观各项〔杂菌菌落、虫（螨）体、子实体原基除外〕	肉眼观察和测量
斜面长度	肉眼观察和测量	杂菌菌落、虫（螨）体	肉眼观察，必要时用5×放大镜观察
斜面背面外观	肉眼观察	子实体原基	随机抽取样本100瓶（袋），肉眼观察有无原基，计算百分率

6.2 微生物学检验

6.2.1 4.1.3表2中菌丝体生长状态和锁状联合用放大倍数不低于10×40的光学显微镜对培养物的水封片进行观察，每一检样应观察不少于50个视野。

6.2.2 细菌检验

将检验样本，按无菌操作接种于GB 4789.28中4.7规定的营养琼脂培养基中，28℃下培养1 d～2 d，观察斜面表面是否有细菌菌落长出，有细菌菌落长出者，为有细菌污染，必要时用显微镜检查；无细菌菌落长出者为无细菌污染。

6.2.3 霉菌检验

将检验样本，按无菌操作接种于PDA培养基（附录A）中，

25 ℃~28 ℃培养 3 d~4 d，出现非杏鲍菇和白灵菇菌丝体形态菌落的，或有异味者为霉菌污染物，必要时进行水封片镜检。

6.3 菌丝体生长速度

6.3.1 母种 PDA 培养基，90 mm 直径的培养皿，倾倒培养基 25 mL~30 mL/皿，菌龄 7 d~10 d 的菌种为接种物，用灭菌过的 5 mm 直径的打孔器在菌落周围相同菌龄处打取接种物，接种后立即置于 25 ℃±1 ℃黑暗培养，计算长满所需天数。

6.3.2 原种和栽培种

附录 B.1、附录 B.2、附录 B.3、附录 B.4 规定的配方任选其一，接种后立即在 25 ℃±1 ℃黑暗培养，计算长满所需天数。

6.4 母种栽培性状

将被检母种制成原种。采用附录 C 规定的培养基配方，制作菌袋 45 个。接种后分 3 组（每组 15 袋），按试验设计要求排列，进行常规管理，根据表 6 所列项目，做好栽培记录，统计检验结果。同时将该母种的出发菌株设为对照，做同样处理。对比二者的检验结果，以时间计的检验项目中，被检母种任何一项的时间，白灵菇较对照菌株推迟 15 d 以上（含 15 d）者、杏鲍菇较对照菌株推迟 10 d（含 10 d）者，为不合格；产量显著低于对照菌株者，为不合格；菇体外观形态与对照明显不同或畸形者，为不合格。

表 6　母种栽培性状检验记录（平均值）

检验项目	检验结果
长满菌袋所需时间（d）	总产（kg）
第一潮菇所需时间（d）	平均单产（kg）
第一潮菇产量（kg）	色泽、质地
第一潮菇生物学效率（%）	菇形
生物学效率（%）	菇盖直径、菌柄长短（cm）

6.5 留样

各级菌种都要留样备查，留样的数量应每个批号菌种 3 支～5 支（瓶、袋），于 4 ℃～6 ℃下贮存。杏鲍菇母种 4.5 个月，原种 3.5 个月，栽培种 2 个月；白灵菇母种 6 个月，原种 5 个月，栽培种 4 个月。

7 检验规则

判定规则按要求进行。检验项目全部符合要求时，为合格菌种，其中任何一项不符合要求，均为不合格菌种。

8 标签、标志、包装、运输、贮存

8.1 标签、标志

8.1.1 产品标签

每支（瓶、袋）菌种必须贴有清晰注明以下要素的标签：

a）产品名称（如杏鲍菇母种）；

b）品种名称（如杏鲍菇 3 号）；

c）生产单位（如某某菌种厂）；

d）接种日期；

e）执行标准。

8.1.2 包装标签

每箱菌种必须贴有清晰注明以下要素的包装标签：

a）产品名称、品种名称；

b）厂名、厂址、联系电话；

c）出厂日期；

d）保质期、贮存条件；

e）数量；

f）执行标准。

8.1.3 包装贮运图示

按 GB 191 规定，应注明以下图示标志：

a）小心轻放标志；

b）防水防潮防冻标志；

c）防晒防高温标志；

d）防止倒置标志；

e）防止重压标志。

8.2 包装

8.2.1 母种外包装采用木盒或有足够强度的纸箱，内部用棉花、碎纸或报纸等具有缓冲作用的轻质材料填满。

8.2.2 原种、栽培种外包装采用有足够强度的纸箱，菌种之间用碎纸或报纸等具有缓冲作用的轻质材料填满。纸箱上部和底部用 8 cm 宽的胶带封口，并用打包带捆扎两道，箱内附产品合格证书和使用说明（包括菌种种性、培养基配方及适用范围等）。

8.3 运输

8.3.1 不得与有毒物品混装，不得挤压。

8.3.2 气温达 30 ℃以上时，需用低于 20 ℃的冷藏车运输。

8.3.3 运输过程中应有防震、防晒、防尘、防雨淋、防冻、防杂菌污染的措施。

8.4 贮存

8.4.1 菌种生产单位使用的各级菌种，应按计划生产，尽量减少贮藏时间。

8.4.2 母种供种单位的母种应在 4 ℃～6 ℃冰箱中贮存，贮存期不超过 90d。

8.4.3 原种应尽快使用，在温度不超过 25 ℃、清洁、干燥通风（空气相对湿度 50％～70％）、避光的室内存放，谷粒种不超过 7 d，其余培养基的原种不超过 14 d。在 4 ℃～6 ℃下贮存，贮存期不超过 45d。

8.4.4 栽培种应尽快使用，在温度不超过 25 ℃、清洁、通风、干燥（相对湿度 50％～70％）、避光的室内存放，谷粒种不超过 10d，其余培养基的栽培种不超过 20d。在 4 ℃～6 ℃下贮存时，贮存期不超过 45d。

附录 A　母种培养基及其配方
（规范性附录）

A.1　PDPYA　培养基

马铃薯 300g，葡萄糖 20g，蛋白胨 2g，酵母粉 2g，琼脂 20g，水 1 000mL，pH 自然。

A.2　PDA　培养基

马铃薯 200g，葡萄糖 20g，琼脂 20g，水 1 000mL，pH 自然。

附录 B　原种和栽培种培养基及其配方
（规范性附录）

B.1　谷粒培养基

小麦、谷子、玉米或高粱 98%，石膏 2%，含水量 50%±1%。

B.2　棉籽壳麦麸培养基

棉籽壳 84%，麦麸 15%，石膏 1%，含水量 60%±2%。

B.3　棉籽壳玉米粉培养基

棉籽壳 93%，玉米粉 5%，石膏 2%，含水量 60%±2%。

B.4　木屑培养基

阔叶树木屑 79%，麦麸 20%，石膏 1%，含水量 60%±2%。

附录 C　栽培性状检验用培养基
（规范性附录）

C.1　棉籽壳 80%，麦麸 15%，玉米粉 5%，石膏 2%，含水量 60%±2%。

C.2　棉籽壳 55%，阔叶木屑 25%，麦麸 15%，玉米粉 3%，石膏 2%，含水量 60%±2%。

主要参考文献

黄年来，林志彬，陈国良，等，2010. 中国食药用菌学［M］. 上海：上海
科学技术文献出版社 .

黄毅，2008. 食用菌栽培［M］. 北京：高等教育出版社 .

卯晓岚，2000. 中国大型真菌［M］. 郑州：河南科学技术出版社 .

吕作舟，2006. 食用菌栽培学［M］. 北京：高等教育出版社 .

申进文，2014. 食用菌生产技术大全［M］. 郑州：河南科学技术出版社 .

王斌，武模戈，2011. 白灵菇标准化生产［M］. 郑州：河南科学技术出版
社 .

张金霞，2011. 中国食用菌菌种学［M］. 北京：中国农业出版社 .

图书在版编目（CIP）数据

白灵菇栽培技术 100 问 / 牛宇编著 . —北京：中国
农业出版社，2018.12
（精准扶贫·食用菌栽培技术系列丛书）
ISBN 978 - 7 - 109 - 24859 - 5

Ⅰ.①白… Ⅱ.①牛… Ⅲ.①侧耳属－蔬菜园艺－问
题解答 Ⅳ.①S646.1 - 44

中国版本图书馆 CIP 数据核字（2018）第 258738 号

中国农业出版社出版
（北京市朝阳区麦子店街 18 号楼）
（邮政编码 100125）
责任编辑 黄 宇 杨金妹

中国农业出版社印刷厂印刷 新华书店北京发行所发行
2018 年 12 月第 1 版 2018 年 12 月北京第 1 次印刷

开本：850mm×1168mm 1/32 印张：5.25
字数：125 千字
定价：20.00 元
（凡本版图书出现印刷、装订错误，请向出版社发行部调换）